解密239座

太原碉堡

的历史档案

吴根东 著

△ 团结出版社

图书在版编目（ＣＩＰ）数据

解密 239 座太原碉堡的历史档案 / 吴根东著. -- 北京 : 团结出版社，2019.3
ISBN 978-7-5126-6825-6

Ⅰ. ①解… Ⅱ. ①吴… Ⅲ. ①永备筑城－介绍－太原 Ⅳ. ①E951.1

中国版本图书馆 CIP 数据核字(2018)第 285107 号

出　版：团结出版社
　　　　（北京市东城区东皇城根南街 84 号　邮编：100006）
电　话：(010) 65228880　65244790 （出版社）
　　　　(010) 65238766　85113874　65133603（发行部）
　　　　(010) 65133603（邮购）
网　址：http://www.tjpress.com
E-mail：zb65244790@vip.163.com
　　　　fx65133603@163.com（发行部邮购）
经　销：全国新华书店
印　装：三河腾飞印务有限公司

开　本：170mm×240mm　　16 开
印　张：15.25
字　数：234 千字
印　数：4045
版　次：2019 年 3 月　第 1 版
印　次：2019 年 3 月　第 1 次印刷
书　号：978-7-5126-6825-6
定　价：48.00 元

谨以此书纪念太原解放 70 周年

序　言

一位老朋友问我："你是怎么想到寻找太原碉堡的？"萌生寻找太原碉堡的想法是在 2013 年冬，源于当时看了一个解放太原的纪实电视片，才忽然知道，解放战争中太原碉堡的建设数量和坚固程度是中国城市绝无仅有的，也堪称世界之最。

虽然我是一个太原土著，虽然太原曾经拥有全国最多的碉堡和现在最多的碉堡遗存，但我第一次见到碉堡和近距离触摸碉堡是在 2006 年，地点就在太原市小店区东山的五龙沟村。有商业头脑的创业者依托五龙沟遗留下来的几座残碉，在山头上办起了 CS 军事俱乐部，又新增了岗楼、铁丝网、战壕、靶场等"军事设施"，供年轻的军事爱好者猎奇、模拟、体验、游乐。第一次见到真碉堡并没有什么特别的感觉，只是在原来书报、影视、电脑等间接形象的基础上，有了活生生的具象感知。

经过大量翻阅、查找资料，才获知太原在 20 世纪三四十年代曾经筑有 5600 座各式碉堡，经过了 70 多年的风雨剥蚀，现在还有多少遗留，"存活"下来的又是什么模样，虽然不可能探到准确数字，至少还能找到其中的一部分，抱着这个"异想"开始了漫漫寻找路。

在太原市 6988 平方公里的城乡山野展开地毯式搜寻，显然不太现实。寻找碉堡先得了解阎锡山、日本人统治太原时期的这段军事历史。寻找前需要预习一定的"基础课程"，因此，查阅了《解放太原》《阎锡山统治山西史实》《太原军事志》《山西文史资料》《太原文史资料》和 18 个版本的阎锡山传记及各种报刊、网络等大量资料。还在省市档案馆、太原解放纪念馆等单位多次查找相关信息，最想得到的是一份想象中的《太原碉堡分布图》或者《太原防御工事全图》，这些类似的东西肯定有，无非是名称不同而已。但是，每次查寻都无功而返。也许遗失，也许焚毁，也许没有找对地方。得不到这个寻找大纲，就不能"按图索骥"，也就必然多费周折，而且还搜不全面。这是寻找中一个无法弥补的遗憾。

在不系统、不完整的各种零乱信息的指引下，到处问询走访，开始了充满艰辛的旅程。五年来，已经在太原的城乡山野找到了230多座各式碉堡。有的建得太偏僻，荆棘丛生根本无路可走；有的修得很隐蔽，当地向导都很难顺利找到；有的被毒蛇和黄蜂"占领"，只能远看不能近观；有的地处采空区，坠落和塌方险象环生……寻找到的碉堡有的完整，有的残破，有的只剩底座，有的复原如旧。这期间，有过兴奋，有过无奈，也有过危险。最兴奋是在城东杨家峪看到了四层梅花碉，保存的完整程度令人惊讶；最无奈的是从南面的小店跑到北面60公里之遥的阳曲县归朝村，寻找无果悻悻而返；最艰难的是寻找城东北的卧虎山遗碉，翻山越岭六次造访，有一次还从山坡上滑下来，弄了个灰头土脸；最危险的是在城东的罕山和城西的蒙山寨两次遭遇了野猪，好在它们"手下留情"，没有伤及无辜。

要实践一个想法，必然要体会许许多多的酸甜苦辣和落寞惆怅，这也是起步时就始料所及的，但始终没有敢有知难而退的念想。

通过五年的寻找，深感阎锡山的碉堡防御地域广、数量巨、式样多，虽然只见到冰山一角，也足以想象当年布满城乡山野的碉堡让人叹为观止！阎锡山为固守太原，可谓拼尽了血本，绞尽了脑汁！1948年11月，美国有个记者来到被重重包围的孤城太原，密密匝匝、漫山遍野的碉堡让他受到极大震撼："任何人到了太原，都会为数不清的碉堡而吃惊……"还有外国记者看到当时的"景象"更是瞠目结舌：太原的防御工事"比法国马其诺防防线还要坚固！"

为什么阎锡山要不惜一切代价大修碉堡，把碉堡当成他最后的救命稻草和护身符？通过大量查找资料才大体找到答案，应该是源于四点：一是20世纪30年代初，蒋介石在江西围剿红军，成功运用了"深沟高垒、步步为营"的碉堡战术，把红军逼出江西，被迫大转移（二万五千里长征）；二是1931年"9·18事变"后，东北军马占山在齐齐哈尔修筑"无门碉堡"的巨大作用（一座碉堡让日本人伤亡上百）；三是太原三面环山易守难攻的地理优势；四是阎锡山对人宣称的"针对解放军波浪式冲锋的人海战术，凭借碉堡群组成的据点工事，以'火海'对'人海'，一个碉堡能打死100个共军，共军没有百万之众打不下太原城。"

碉堡的作用虽然没有像阎锡山吹嘘的那么神乎其神、坚不可摧，能抵挡"百万大军"，但在解放太原时也切实给进攻的人民解放军造成了很大的杀伤，使太原成为全国解放战争中攻城时间最长，双方伤亡最多，代价最为惨重的城市。

今天寻找这些散落在太原周围的碉堡，一是铭记历史，记住那场惊天地泣鬼神，中国独有世界无双的"碉堡战争"；二是缅怀先烈，不要忘记为太原解放牺牲的数万革命先烈，永远警示后人，倍加珍惜今天的和平环境和幸福生活。

为不使寻找到的碉堡仅仅是冰冷、枯燥的陈列，让它有话可说，着意给每座（群）碉堡加注了文字，就是设法查找它的战争档案，赋予这些"冷兵器"以血肉和筋骨，让人看到更立体的碉堡，让人通过碉堡了解太原战役的基本概况。查找每群碉堡、每座碉堡的战事资料是一项艰难的工作。有的记载相左，需要核实；有的牛头马面，需要修正；有的切实找不到相关的只言片语，无法注脚，成为缺憾。

为让读者有"现场感"，在每座（群）寻找到的碉堡后还附了一段"寻找小记"，把搜寻中的见闻、感受以及碉堡的现存环境作了补笔，将个体碉堡信息加以延伸拓展，增加多方位的阅读效果。

从至今寻找到的碉堡看，原来太原城内仅有城墙西北角一座遗存，其余都在城外的东面、北面和西面。为让读者对碉堡所在位置有大概印象，本书编排中特意从方位上做了简单的划分，即城东、城北、城西三个部分。

目前找到的239座各型碉堡，应该是太原现存的一大部分或主要部分。通过本人这一不彻底行动，希望能够引发更多的军事、历史、文物等方面的志士仁人继续加入到这个探寻行列，把太原的这段特殊军事历史充实流传。

吴根东

于 2018 年 8 月 5 日

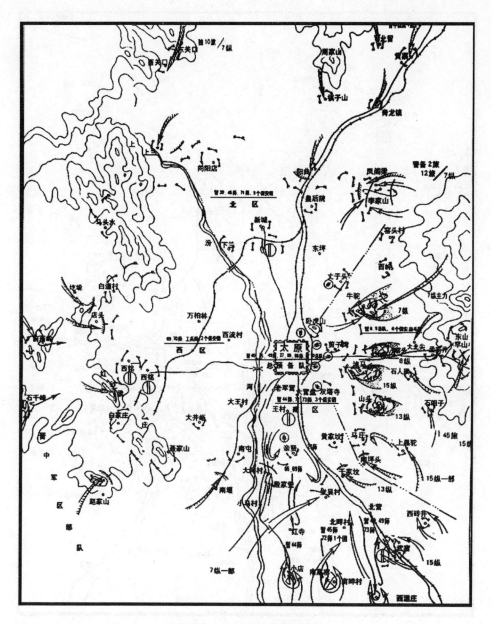

太原战役（第一阶段）作战经过图

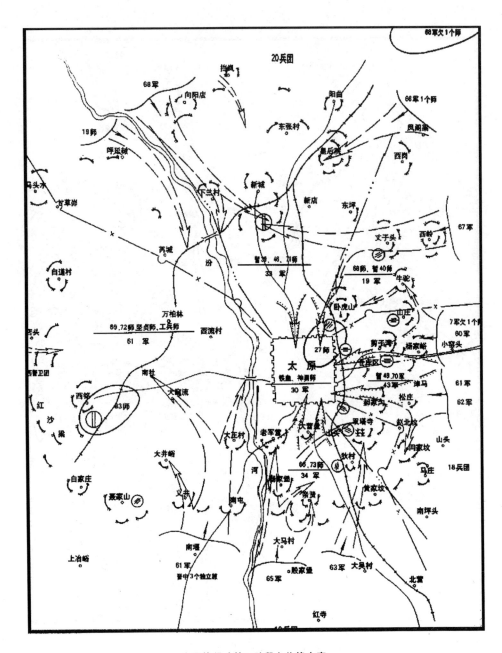

太原战役（第二阶段）作战方案

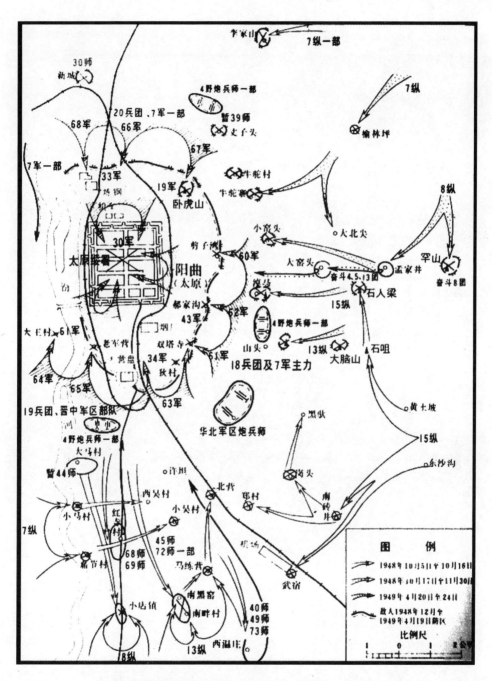

太原战役经过要图（1948 年 10 月 5 日—1949 年 4 月 24 日）

目 录

第一部分　开头篇

第二部分　城东碉堡

第三部分　城北碉堡

第四部分　城西碉堡

第五部分　相关延伸

第一部分

开头篇

太原碉堡历史

　　了解太原历史和关注战争史的人都知道，在中国的解放战争中，太原是中国大城市中最难攻克的一座"堡垒城市"。太原之所以难攻难打，是因为其防御设施太复杂、太坚固；其防御体系太严密、太完备。而防御工事的主体就是5600座各种各样的碉堡。太原碉堡数量之巨、式样之多、杀伤力之大，是中国城市独一无二和无与伦比的。除此之外，还有太原三面环山的独特地形，和全国三大兵工厂之一太原兵工厂充足的枪炮子弹做坚强后盾，因此成为全国包围时间最长（1948年8月到1949年4月共9个月）；攻城时间最长（6个月又20天。炮火攻击50天，政治攻心5个月，因全国战局需要围而不打）；双方参战人数最多（我方3个兵团和一野第7军、四野炮1师、晋中军区3个独立旅共25万人；敌方两个兵团6个军17个师共13万人）；城市炮战最激烈（我方1300门，敌方700门，2000门各种大口径火炮同时发声）；双方伤亡最多（敌伤亡5.8万人，我伤亡4.55万人），代价最为惨重的城市。

　　战争的滚滚烟云已散去70年，太原碉堡，这些溅满烈士鲜血的"魔鬼"，一大部分在战争中已被摧毁，一部分在解放后炸毁，还有一部分遗留在远离

阎锡山在太原城外修筑的碉堡防线（资料）

城市的荒郊山野。近年来，随着东西山城郊森林公园的建设，在半截残碉基础上又复原了一部分，与城内几座保存完整的碉堡一样，作为革命教育的军事文物留给后世。

今天寻找这些散落在太原城边及周围的碉堡，就是要永远警示后人，不要忘记那场血雨腥风的"碉堡战争"，更不要忘记为太原解放牺牲的数万革命先烈，倍加珍惜今天的和平环境和幸福生活。

太原是古代称"襟四塞之要冲，控五原之都邑"的雄藩重镇。北部系舟山的石岭关是太原的北大门；东面的罕山、西面的石千峰是控制太原的两个制高点；城西的汾河是一道进出太原的天然屏障；南为平原，人口稠密，物产丰富，可提供丰富的人力和物力。民国时期，太原的重工业和军事工业相当发达，1937 年以前，山西的经济建设已由轻工业迈向重工业，有"重工业之都"之称。除沈阳外，全国其他城市无以匹敌。太原不但能生产常规轻武器，还能生产多种山炮、野炮、迫击炮，日产 1 万颗杀伤力很大的大号手榴弹，月产炮弹 10 万发。枪炮子弹产量大、储备足，加之城防坚固，守军用命，民风强悍（受阎反共宣传中毒至深），使太原的解放战争损失巨大，旷日持久。

历史上，发生在太原（晋阳）有一定规模的战事多达 50 次以上，其中 5 次大战深刻影响了中国历史的进程。因它依山就势的地理位置，使得历来以夺取太原为目的的战争大多经年累月，在付出惨重代价后才能决出胜负。春秋时期，智伯瑶、韩康子、魏桓子三家联手围攻赵襄子的晋阳城，历时两年，始终未有斩获；西晋刘琨作为太原刺史，在匈奴、鲜卑等多方势力的夹击合围下，依城抵御了 10 个春秋；唐

彭德怀，湖南湘潭人，中国人民解放军副总司令，1949 年 3 月 28 日从西柏坡去西北途经太原，协助（代理）病中的徐向前最后攻破太原城。解放后任中央军委副主席、中国人民志愿军司令员兼政委、副总理兼国防部部长。1974 年 11 月 29 日逝世。图为彭总在太原前线（资料）

周士第，广东乐会（今海南琼海）人，太原前线副司令员兼 18 兵团副司令员、副政治委员。解放后任西南军区副司令员、解放军防空军司令员。1979 年 6 月 30 日逝世。（资料）

陈漫远，广西蒙山人，太原前线司令部参谋长兼 18 兵团参谋长。解放后任广西壮族自治区政府代主席，省委第一书记、解放军后勤学院院长。1986 年 11 月 22 日逝世。（资料）

安史之乱时，河东节度使李光弼率兵 5 千，加上地方武装只有 1 万余人，大战半年，击溃了反贼史思明攻城的 10 万大军；北宋建立后，赵匡胤三下河东，病死在征战晋阳途中，其弟赵光义继位四年才又起兵北伐，在大宋建立 19 年后，赵氏两朝皇帝才将晋阳城纳入它的版图；北宋靖康年间，金兵围困太原也达 9 月之久才攻破城垣。

时间推移到 20 世纪 40 年代末，攻占太原城同样举步维艰。

1948 年 7 月 16 日，赵承绶的野战军在太谷县小常村被歼后，晋中战役即将结束，一天之内，中央军委两次发报，说太原城内空虚，可能在 10 天之内拿下太原。当时的情形是，进行了一个多月的晋中战役，解放军虽然以 6 万勇士歼灭了阎锡山的 10 万大军，但也损兵折将，伤兵满营，严重缺员，其中一个团的 3 个连只剩下 6 名战士，著名的"临汾旅"（8 纵 23 旅）67 名连级军官只留下 3 人。面对太原坚固的防御和蒋介石的不断支援，加之解放军炮兵力不从心，太原前指总指挥徐向前向央军委提出缓攻建议，计划用三个月

胡耀邦，湖南浏阳人，太原前线政治部主任。解放后任共青团第一书记、中央组织部长、秘书长、宣传部部长、中共中央总书记。1989年4月15日逝世。（资料）

罗瑞卿，四川南充人，太原前线副政治委员兼19兵团政治委员。解放后任解放军总参谋长、国防部副部长、副总理。1978年8月3日逝世。（资料）

时间攻克太原。

当时（1948年9月底）阎军又凑起6个军17个师、3个总队和其他直属、配属部队9万4千人，解放军只有8万多人马，而且装备处于劣势。刚经历了临汾攻坚鏖战的徐向前也深知攻城的难度，这场攻坚需要时间，需要付出巨大牺牲，他表明了非常坚定的决心："就是打到胡子白了也要打下来"！

1945年8月15日日本投降后，8月30日晚，阎锡山急匆匆从孝义经平遥回到太原。刚一落脚，就想赶紧筑牢巢穴，主张"急则治标"。第二天，就迫不及待召集高级军官举行工事会议，做出在山西各地，尤其在太原城内外大修碉堡的决定。为此，专门成立碉堡建设局，由工兵司令程继宗兼任局长，又在太原绥靖公署长官部成立城防工事组，由13集团军副司令刘奉滨兼任组长，在绥署参谋长郭宗汾的督导下全面进行碉堡建设，还罗织了残留的200多名日本军事技术人员担任设计和指导施工。

太原大规模筑碉从1945年秋季开始。除每年冬季天寒地冻暂停外，直到

杨得志,湖南株洲人,太原前线第 19 兵团司令员。解放后任志愿军副司令员、济南军区司令员、武汉军区司令员、昆明军区司令员、1979 年对越自卫反击战西线总指挥、解放军总参谋长。1994 年 10 月 25 日逝世。（资料）

太原解放一刻也没有停止。筑碉分为四个阶段,1945 年秋到 1946 年夏,建立城防工事;1946 年秋开始建筑郊区工事;1947 年春,扩建外围工事;1948 年秋,加强核心工事。

第一步,把建立城防工事作为施工重点,即沿城墙四周在城壕外沿每隔 200 米到 300 米筑上一座砖碉,形成串珠式的碉堡圈,并在城墙上、城壕里修上暗工事。城内主要的十字路口、丁字路口也修筑了巷战碉堡,以此巩固城防。

第二步,在城郊周围依地势建立郊区工事,由内而外择要勘建,首先施工的有所谓"四正四隅"。四正即以太原城为中心,东为淖马,北为皇后园,西为窑素厂,南为大营盘。四隅是东南双塔寺,东北卧虎山,西北炼钢厂,西南大王村,形成城周八个据点。以后陆续扩建,由点成带,由带成面,各据点间隙处建立封锁碉。还在城南城北两面,东依高地,西靠汾河,各挖外壕一道,配以碉堡火力点做侧防,郊区工事至此连成一片。尔后,在守备方面,概以城角的对角线向外延伸。

第三步,扩建外围工事,同时建立四个前进据点,东为罕山,西为石千峰,南为武宿,北为黄寨,各以若干个碉堡群作为庞大的据点区,除武宿据点为保护飞机场和联系榆次外,其余三个一边保护太原,一边作为向外发展的依据。

第四步,加强核心工事,一是在太原城墙上利用雉堞等处筑成便于侧斜射堡垒或暗工事,并由城内筑暗道通向城外据点,将城内城外连成一体。二是修筑环城铁路,运行装甲列车,列车上装配山炮、迫击炮等各种火器,或分散巡逻或集中作战,发挥活动堡垒的效用。三是为增强杀伤力,城周和郊区重要据点大规模挖壕、劈坡、截断道路，配合侧防工事，增强杀伤力。

在工事构成上，表现为"寨子式筑城，据点式阵地"。寨子式筑城就是深沟高垒把堡垒用深而宽的外壕劈坡围绕起来。据点式阵地就是按地形和兵力的需要用一个或若干个寨子式筑城互为犄角，互相策应。在工事配置上，以碉堡为骨干构成据点，由主碉占据重要地形，指挥官在此坐阵，此碉一般高大坚固，作为不丢阵地。护卫主碉的叫副碉，离主碉一般有三五十米，护卫副碉的叫火点。通常一个主碉四周要建三四个副碉，副碉旁边也要

阎锡山，山西五台县人，统治山西 38 年的土皇帝。曾任太原绥靖公署主任、山西省政府主席、国民政府行政院长、国防部部长。1960 年 5 月去世。（资料）

有几个火点。碉与碉、火点与火点之间，以壕沟或暗道相通。在一群碉堡的内部及外部用障碍物围绕或隔开，一点不守不致波及全群，并可以得到全群的支援收复一点。

1937 年以前，阎锡山统治下的太原只有城外的十几个据点。日本人侵占太原后，在原据点、工事的基础上，又在工厂、重要设施、交通关隘等要害部位修筑了碉堡及其他防御工事。阎锡山回到太原后，在日本人原建数百座碉堡的基础上又大规模扩建和加固，而且还向城外延伸了 30 公里左右。北起周家山，南至小店，西迄石千峰，东抵罕山，以碉堡为核心，从外向内筑成了三道环形防线。第一道距城 25 到 30 公里，即周家山、兰村、石千峰、庙前山、小店、武宿、砖井、罕山、风格梁，接周家山，称为百里防御圈（远不止百里，外围长 142 公里）；第二道距城 3 到 5 公里，即皇后园、新城、大小王村、大营盘、双塔寺、山头、淖马、小窑头、牛驼寨、卧虎山、丈子头，接皇后园；第三道就是太原四周的城墙和城内重点部位的综合

晋中战役结束后，1948年7月22日蒋介石（左一）急飞太原给阎锡山（右一）鼓气施援。（资料）

工事。

　　这些碉堡依山就势，建在险要的山头、高地、隘口、村庄，在太原及附近已修了5000多座，仅东山就有3400多座，一修一群，一建一片，真是十里一大碉，五里一小碉，而且越接近城里密度越大，可谓星罗棋布，漫山遍野。

　　碉堡的种类也数以百计，难以准确辨认，以二层圆形碉为最多。高度上，有火点（地堡、暗堡）、有一层至五层的；规模上，有半班碉、班碉、排碉；火力配置上，有枪碉、炮碉；形状上，有圆形的、方形的、三角形的、六角形的、半月形的、棒槌形的、品字形的、倒品字形的、菱形的、梅花形的、蘑菇形的、子母形的、人字形的、十字形的、房屋形的；功能上，有向四周射击的、有向两侧射击的、有前面不开口倒着射击的（没奈何碉）；建筑材料上，有砖碉、砖混碉、片石碉、钢筋水泥碉、钢板碉；声威上，有阎锡山命名的伯川碉、好汉碉、卧虎碉、豪人碉；作用上，山头上的叫守山碉，山坡上的叫护山碉，山沟里的叫伏地碉，城墙上的叫侧虎碉，还有专门引诱攻击的"诱弹碉"。为防堵外来子弹射入，将射击孔改为球形射口，在射口藏一活动圆球，

圆球上开有能容少机枪的射击孔，停止
射击时，将圆球旋转使实处向外以行
堵塞。

　　在城内外大筑碉堡的同时，还把太
原四周城墙掏成上中下3层，甚至5层，
最多达7层火力网，用钢筋水泥加固。
最早的太原城垣由北宋名将潘美修建。
解放太原时的城墙始建于明朝初期，朱
元璋的第三子朱棡封为晋王时，在其岳
父谢成的主持下修筑，当时的太原城是
全国一流的。城墙高12米，上宽8米，
下宽15米，砖厚2米，实砌砖墙，十
分坚固，周长12公里，开8道城门。
东面是宜春门（大东门）、迎晖门（小
东门），南面是大南门（迎泽门）、新
南门（承恩门、首义门），西面是振武

1946年3月阎锡山与马歇尔在太原合影
（资料）

门（水西门）、阜成门（旱西门），北面是镇远门（大北门）、拱极门（小北门）。
8道城门修建有8座宏伟的城楼和4座角楼。每隔百米就筑有一个突出部位，
在突出部分开有可向三面射击的若干洞孔，在城门和四座角楼都修了极坚固

太原城东南阎军碉堡群（资料）

抗战胜利后阎锡山与孔祥熙在重庆合影（资料）

的工事。在城墙上修筑了 100 多个各式碉堡和火力点，组成了坚固的防御网。新南门由三个城门组成，中间是首义门，东是复兴门，西是胜利门，仅三门附近不足 300 米的地域就有 7 层工事，各种火力点达 150 处，城头还有日本人修筑的"铁圪垯"钢板卧虎碉，阎曾自豪地称为是"打不垮，摧不烂"的铜墙铁壁。

高大的城垣外，还有宽 10 米左右的护城河，水虽不深，水下却有半米深的稀泥，就在这烂泥潭中，还构筑了大量的水泥碉堡，各碉间构成交叉火力网，称为"河中碉"。这些碉堡只能看见顶部和枪眼，根本找不到门，手榴弹也塞不进去，炸药包没地方搁，它唯一的出口就是水泥石头砌成的暗道通往城墙里面。

太原城内还有多条交通壕、地道与城外的碉堡、工事相通。在东门外挖有十几里掩护全城的地下坑道；在北城、西城修了八九条暗道通向城外碉堡，把城内城外连成一片，可谓固若金汤。太原防御工事修得复杂而诡秘，形成了多层次、大纵深、犬牙交错、高低策应的堡垒地带，阎锡山吹嘘为"堡垒城""要塞城""碉堡城""火海地区"，足抵精兵 150 万人，被美国和国民党吹嘘为"反共模范堡垒"。

阎锡山不仅在太原大修碉堡，1947 年，还以老长官的姿态托人转告华北剿总司令傅作义，建议在北京、天津、唐山三角地带修筑两万个碉堡，保住京、津、唐，进而保住华北。

1948 年 11 月，美国生活杂志有个记者来到被重重包围的孤城太原，眼前的景象让他感到震撼，在随后的报道中这样写道："任何人到了太原，都会

1949 年 4 月 20 日，我 20 兵团攻克光社碉堡（资料）

1947 年阎锡山在省府东花园私邸门口（资料）

为数不清的碉堡而吃惊，高的、低的、方的、圆的、三角形的，甚至藏在地下的，构成了不可思议的火力网"。还有一位外国记者说，太原的防御工事"比法国马其诺防线还要坚固"。即使这样，阎锡山还叫嚣："地球转动一天，我们的工事就要加强一天"。此时，身陷"赤海孤岛"的阎锡山还是自信满满："我们能守住太原城，就能向外扩张，一粒谷子就能成一穗谷子，一穗谷子就能成一亩谷子，一亩谷子就能成遍地谷子"，甚至还梦想着"以城复省，以省复国"。提出这样"伟大"口号的原因是太原在解放军围困之际的 1949 年 1

月初，蒋介石在一次党政军高级干部会议说的一番话："我们学苏联、学美国、学法国都失败了，落了个一切都没办法，还不如阎锡山在山西有办法，我们今后要学阎锡山。"这话从山西驻南京办事处传来，阎锡山有些飘飘然，自鸣得意地说："南京没办法，咱有办法，一线光明在太原嘛"。阎军太原守备司令、第10兵团司令王靖国也对部下口出豪言："只要能守住太原，华北就是我们的，中国就是我们的"。怀抱弥天幻想的阎锡山还真想守住太原而得山西，进而得天下。最懂得因势而为的阎锡山，此时却被"虚幻"和"臆想"笼罩着，期盼着第三次世界大战早日爆发，他好在乱局中寻找生机，继续在山西苟延残喘。当时的现实是，国民党在中国已风雨飘摇，大厦将倾已成定局，蒋介石早已回天无力。只是中国一隅的山西、山西一隅的太原，能创造旷世奇迹？正如参加过太原攻坚战的杨成武司令员所言："对于胜利之师，是没有什么铜墙铁壁可以阻挡的。阿尔卑斯山没有挡得住汉尼拔率领的数万大军；日本关东军的长白山工事也拿长驱直入的苏联红军束手无策。阎锡山的5000多座碉堡，在我三个兵团的铁拳之下，又算得了什么"！阎锡山仅凭数千座碉堡就想完成"伟大"的复国大业，可谓痴人说梦。

解放太原时，徐向前及指挥部在榆次李垴村驻扎旧址。（2017 年 7 月 16 日摄）

阎锡山把修筑碉堡看成了他最后的护身符,以在国际上扩大影响,进行政治诈骗,捞取救命稻草。阎锡山对修筑碉堡非常重视,碉堡局修建碉堡的位置和碉堡设计形状,都要亲自审定,如果同意,就会在图纸上批上一个大大的"可"字。他亲自绞尽脑汁设计碉堡,经常坐在家里,一边苦苦思索,一边用手里的文明棍在地上画来画去,画成一种图形,立即命令侍从参谋根据图形画出图纸,迅速照图样修筑样碉,叫部队派人参观并照样构筑。阎锡山还亲自指导编写了《碉堡战法》一书。还针对旧式碉堡射口目标太大的问题,亲自参与研究了一种隐藏较好的圆球转动射口。太原的碉堡,无一不是经过精心设计而成,在构筑和武器配置上都有巧妙的构思和实用价值。

阎锡山为什么这么热衷于修建碉堡并迷信于"碉堡战法"呢?他说,第一次世界大战中法国"凡尔登"战役,坚固的要塞抵御住了强大德军的进攻,取得了胜利,所以,我们要采用更高出一筹的碉堡战法,抵挡解放军。

面对解放军来无影去无踪的短促突击,诬蔑为"肉弹冲锋"。他最怕这种冲锋,因此其战术思想就是"先为不可胜,以阵地待敌可胜"。他自己曾解释说:"共产党凭的人多,用的是波浪式冲锋的"人海"战术,所以到处取胜,谁防不住这一手,谁就要失败。我们一定要凭借碉堡群组成的据点工事,

解放太原时,徐向前的总指挥部驻扎过的榆次峪壁村。彭德怀曾来此看望病中的徐向前。图为司令部旧址。(2017年1月31日摄)

充分发挥火力，以'火海'对'人海'，以铁弹换肉弹，共产党就没有办法"。阎锡山还说：一个碉堡能打死100个解放军，太原城做1000个，城周和外围做上3000个钢筋水泥碉，解放军不死40万人，打不下太原城，这样最少得百万之众，共产党在山西没有这么大力量。关于阎锡山的碉堡战法，王靖国曾在"铁军"内部会议上有过画龙点睛的说明："会长的用意是以政治作用为主，军事还是其次。他是要大张旗鼓遍地筑起坚固的碉堡，让共产党知道咱有充分准备进攻不易。共产党向来是只占便宜不吃亏，知道要吃亏，他就不来了。这是会长的一个政治手段，人家一辈子就会耍这个手段十拿九稳，咱们听会长的保险没错。"

　　阎锡山对碉堡的仰仗，无论是政治还是军事用意，已达到痴迷的程度，每当人们提起太原的碉堡，他就会露出得意的神色，即使是在最沮丧的时候，在黯淡的眼神中顿时会放射出一丝光亮。

　　为发挥碉堡的最大效能，在大一些的碉堡里面建有存粮、存水和做饭、睡觉的地方，把士兵固定在碉堡里，有的甚至在堡门安有倒锁装置，到紧要关头，从外面将碉堡门锁死，让里面的士兵无法逃跑，美其名曰"置之死地而后生"。阎锡山对守卫碉堡群的官兵是非常严厉的，除派指导员监督外还

太原环城铁路碉堡群（资料）

有铁军基干督战，作战前强令各部队集体宣誓，立下与阵地共存亡的"军令状"，谁要后退或投降，铁军基干就可当场打死，而且打死什么官就可以做什么官。抗战时期，49师的一个排长打死了准备逃跑的团长，他就当了团长；晋中战役中，在祁县放弃抵抗的37师师长雷仰汤被身边铁军基干打伤。

攻打阎锡山碉堡，确实是令解放军头疼的事。进攻前，我军自上而下研究、模拟了多套破解办法，但对各型碉堡的结构、位置、组合及火力配置等只还是只知皮毛，不得要领。关键时候，阎锡山"派的援兵"来了。晋中战役接近尾声，我吕梁军区在西山俘虏了阎工兵二团团长邢蔚，将其送到我18兵团。他曾在阎碉堡建设局当过科长，与日本专家共同设计和监修过太原的碉堡工程，对太原城防各种碉堡（碉堡群）的布局、结构、建材、特点等十分熟悉，堪称"碉堡专家"。过来后，十分配合，为我军绘制了各种碉堡平面、立体及解剖图，摆沙盘演示，编文字说明，尽其所知，毫无保留，为我军了解太原以碉堡为核心的城防工事做出很大贡献，称为太原城防工事的活字典，被我军任命为18兵团司令部情报参谋，享受团级待遇。

为了保住他的老巢，维持他的统治，在大修碉堡的同时，阎锡山使尽了浑身的解数，想出了很多惊天奇招，比如，向投降后的日本人提出留日军为己所用的"寄存武力"构想，阎锡山曾对他的亲信官员讲："我们为了存在，非有一个非常办法不可。现在我们的兵力不够，应付不了共产党。为了充实力量，只得招兵，但招兵又有困难，即使招来10万中国兵，也不如1万日本人。"（在整个国民党的抗日战场，要想不吃亏或取胜，"国军"与日军的比例一般是五比一以上）。

阎"寄存武力"的想法向侵华日军华北方面军参谋长高桥坦和山西派遣军最高司令官澄田睬四郎提出后，两人都无法作答，后经伪省长王骧及与日军联系紧密的军政大员反复工作，澄田睬四郎才同意采取"个别发动"的方式做日军的"残留"工作，日本人称"地下留驻日军"。随即，在海子边成立了"合谋社"，梁綖武担任社长，他和日本人岩田清一、城野宏共同发起了"残留运动"，阎锡山要求至少留下15000战斗人员为己所用。"合谋社"为了完成这个任务，采取动员自愿和强制胁迫的手段留住日本人，如果有的人不情愿留下，就以曾杀害过中国老百姓、放火、掠夺和强奸等罪名处以徒刑，自愿留下的狂热军人还背后枪杀执意回国者。阎又通过自己的各种关系，派其高级顾问原伪省长苏体仁赴日本斡旋，招募 10 万"东亚同盟志愿军"来晋助战。驻原平的山西派遣军第 1 军第 3 混成旅团高级参谋今村方策、驻长治的 14 旅团旅团长元泉馨等"残留运动"的急先锋，以"暂留技术人员"为幌子，最初将 3 万余日本人暂留下来，其中有北平、天津、石家庄、青岛等地动员来的日军和日侨，后经三次规模较大的遣返，残留在山西的日本人仍有 6700 多人（含 200 多名技术人员和 2000 多名家属、日侨、商人等），其中有战斗力的 3800 多人组成 6 个铁路（公路）修复护卫队，后又改为 6 个保安团，1947 年 6 月，大部分编入阎军正规编制的"暂编独立第 10 总队"。日本投降后，蒋介石对国民党军队进行改编，核定给阎锡山 5 个军 15 个师另加 3 个总队（师级）的编制。3 个总队即第 8、第 9 和第 10 总队，1946 年 3 月成立，大部分由伪军和残留的日本人编成。荆谊的第 10 总队于 1947 年 5 月的"正太战役"在寿阳被歼后，残部由日本人今村方策组成了新的第 10 总队，全队 5 个团，日华混编，共 9726 人，其中日本人有 2447 人，班长以上都由日本人

晋中战役被俘的残留日军（资料）

担任。阎锡山给残留日军待遇非常优厚，当兵的发双饷按军官待遇，当低衔军官的官升三级，并给全体人员安排宿舍，允许在营外居住，伙食供应也和阎军有天壤之别。给残留日军下作战命令时，日本人必先问吃什么饭，吃粗粮、小米是不出兵的，有白面、大米、有酒有肉才肯上战场。

日军残留决不是心甘情愿给阎锡山卖命当炮灰，它有严密的组织和明确的残留目的，以"复兴皇国、恢弘天业"为宗旨，是要把山西建成日本军国主义掌控的复兴基地，使日本人在山西"牢固扎根、生存"，在中国社会营造一个"日本人地区"以图将来复兴扩张。

"残留运动"的核心人物

1945 年 8 月 15 日，日本宣布无条件投降后，按照波斯坦公告，日本军国主义必须永久铲除，军队完全解除武装，驱逐出被侵略国的国土，战犯立即拘捕并接受审判。但公告在山西却没有得到贯彻，反而出现了奇特的一幕：投降后的日军竟然继续保留武装，同解放军作战。这是阎锡山的欺世"高招"，这在中国绝无仅有。

城野宏（中国名字李诚） 山西伪政府的顾问和辅佐官，掌握着伪警察厅、保安大队和宣传机构，直接指挥伪省长和政府机构。日伪省公署（政府）统治人民的公令规章都出自他手。他宣扬复仇主义，鼓动日本人"卧薪尝胆"残留复国，为日本再次侵华作内应。任"合谋社"军事组长，是残留日军最积极的动员者和组织者。多次向阎建议从日本动员义勇军30到50万人来中国，并建立防共政务局。太原解放后，收押到太原战犯管理所，1956 年被太原军事法庭判处有期徒刑 18 年，后到抚顺监狱服刑，1964 年，改造好的城野宏被提前释放。临回国前来到太原，在牛驼寨等地为牺牲的解放军烈士敬献花圈。他由衷谢罪说，"我欠山西人民的太多了，怕是一辈子加上子子孙孙也还不清"，离开太原时写下了"今日的战争罪犯，明天的友好使者"的心迹。

岩田清一（中国名字于复国） 山西派遣军少佐情报参谋。此人奸诈多

城野宏

谋，野心勃勃，狂热日军"残留"，把日本武器上的"菊花"标志抹掉，打上"晋"字钢印的建议就是他提出的，深得阎的信任。残留后任阎军炮兵指挥处指挥，第10总队队附。1949年4月24日，解放军破城后在太原绥靖公署被活捉，解放军将他押出绥署大门时，依然是一副趾高气扬的"不服气"神态。1950年病死于北京

元泉馨（中国名字元全福），是日本第1军驻长治独立14旅团少将旅团长。残留后阎把他晋升为太原绥靖公署中将顾问，绥署野战军副总司令。他是"残留运动"最积极的人物，日本少壮军人的骨干分子，他向阎锡山表示"愿意立刻脱掉日本军服，帮助阎阁下进行剿共战争，死而不悔"。此人复仇心切，专断狂妄，目空一切。1948年7月16日，晋中战役接近尾声时，在晋中太谷县小常村被解放军炮弹炸成重伤后，对天哀叹："没想到徐向前这样厉害，第10总队完了！"遂令身边参谋："枪击之，我的成仁，为天皇尽忠！"参谋成全他后也和其余活着的7个日本官兵开枪自杀。

今村方策（中国名字晋树德），日本山西派遣军第1军驻原平独立混成第3旅团大佐参谋，也是穷兵黩武的少壮派军人，残留运动骨干人物。其哥哥今村均是侵华

岩田清一

元泉馨

日军第八方面军司令官，陆军大将，昆仑关大战的指挥官。今村获悉阎有招募外籍军团"兴城复省"的企图时，便与城野宏等人密谋，起草了一份从日

今村方策

本招募义勇军的计划，并在东京、大阪、北九州设立招募所。还担任阎军第10总队总队长。在晋中战役中，第10总队5个团的主力全部投入战斗，1948年7月15日，在太谷南庄第1团团长小田切正男、第4团团长增田直年、第6团团长布川直平等3名团长被打死（在1947年5月的正太战役中第5团的500多名日本人投降，从此取消了第五团番号），第3团团长住冈义一被俘，1000多人被歼，他和第2团团长相乐圭二率残部1000余人突出重围逃回太原，后又经补充派到东山战场，1948年11月13日，第10总队在牛驼寨再次被歼，除战死和被俘的外，剩余300多人逃回城里，后又组成今村炮兵大队。1949年4月24日我军破城后，今村见回天无力，下令放弃抵抗，龟缩在残留日军指挥部，1000余名日本人（含非战斗人员）被我军俘获，集中收容到北门外战俘营，4天后今村服氰化钾自杀。

澄田睐四郎 曾任日驻法武官。1945年从湖北战场调来山西，任山西派遣军中将司令官。日本投降后，本该将他以战犯收审，但阎为了利用他，向蒋中央提出在太原成立军事法庭自己审理日本战犯，以此为不押送南京托词，将他保护起来，并受到优待。1948年8月，阎将他聘为军事总顾问，他踏勘太原四郊，草拟了《太原防御计划》，主导思想是依托碉堡，精筑阵地，备足粮弹，固守待援。每天到绥署作战室询问军情，

澄田睐四郎

与参谋长郭宗汾（前）、赵世铃（后）共同指点地图，写成万言书《防御管见》，后因战事恶化，希望渺茫，逐步消沉，1949年2月向阎提出回国要求，3月28日，经阎安排，在北京的老部下孙连仲帮助下，以山西实业公司高级专家身份包了一架美国飞机，捎了一封阎给麦克阿瑟的信从红沟机场逃离太原，后化名陈春英乘坐善后救济总署的飞机溜回日本。

河本大作 原日本关东军高级参谋，沈阳皇姑屯炸死张作霖的主要谋划和具体实施者。臭名昭著的"皇姑屯"事件后，他在东北的日子不好过，1943年秋，他的老同学、时任山西派遣军中将司令官的岩松义雄将他收纳到山西充任山西产业株式会社社长，牢牢控制山西的煤铁资源，为侵华日军提供强有力的战争物资支持，白骨累累的大同"万人坑"就是他来山西后残害矿工的又一"杰作"。他也是残留日军的组织者和策划者，残留后又当起西北实业公司总顾问和山西日侨俱乐部委员长，是阎锡山的重要参谋。1949年2月，太原解放已成定局，河本大作又策划成立"山西矿业公司"，妄想在太原解放后继续残留，等待时机，东山再起。他说："我至死也要留在山西，坚持斗争在反共第一线。"太原解放时被擒，1953年病死于太原战犯管理所。

梁綖武，崞县（今定襄）北社村人，

河本大作

梁綖武

大绅士家族，毕业于清华大学文学系，又自费去日本东京商科大学学习，喜读文艺和马列书籍，倾向革命和进步。1936 年辍学回国，在其叔父梁上椿主持下和阎锡山的堂妹阎慧卿结成了政治婚姻。抗战初期在临汾协办了抗日教育机构——民族大学，成立了"民族大学通讯社"，报道了不少二战区包括八路军抗日战况，还排演了不少具有民族意识的剧目，做过一些有益的事，见过郭沫若、林伯渠等我方要员。1941 年后，受阎指使，通过其留学日本和多年与日本人打交道的身份，任阎太原办事处主任，做阎日联络工作。日本投降后，积极做日军的残留工作，任"合谋社"社长，几赴日本斡旋，招募10 万"东亚同盟志愿军"来晋助战。解放前夕，逃到台湾，后转赴日本定居，在几所大学讲授汉语和中国历史。担任旅日华侨文化工作联谊会长，为中日文化交流做了不少工作。1975 年随日本访华团回国，看到中国繁荣景象十分欣慰，死前留下遗嘱，将其骨灰送回祖国。1977 年在东京辞世。1984 年，他的家人张馥卿将其骨灰在北京万安公墓安葬。

苏体仁，朔县（朔州）人。日本东京高等工业学校毕业，曾任山西省政府参事、绥远省财政厅厅长。接受阎锡山授意，1938 年 6 月就任山西第一任伪省长，期间，倾力为日本人搜集地方情报，把各县的地方志提供给日本人，还把西安事变后阎的态度透露给日方，在阎日之间拉拉扯扯，充当了一个一仆二主的可耻角色。1942 年失宠日本人后去北平养病，1945 年就任北平伪市长。日本人投降前夕，接受阎锡山命令，回到山西接受日本投降事宜，并积极协助阎做日军残留工作。他和梁上椿被阎任命为高级顾问。当时，蒋中央在全国搜捕仰人鼻息的大汉奸，阎说他是"事前奉派省长"，苏体仁汉奸案不了了之。阎锡山被围太原后，派他到日本寻找出路，后秘

苏体仁

密潜往台湾。

王骧，寿阳县人。1931 年后，历任山西省政府建设厅厅长、山西省银行总经理等职。1940 年去香港，次年香港沦陷投敌，回山西就任伪山西省政府教育厅厅长，1944 年充任伪山西省第三任省长。王忠心事敌，对山西人民犯下了种种罪行。此人投机狡猾，善观形势变化，1944 年 5 月后，他料到日本人颓势难挽，遂秘密致函阎锡山，"条陈反攻收复等事"，阎求之不得，正中下怀，通过梁绩武联系接洽，着手谋划日降后的山西未来。阎返府还巢后，王以前伪省长和日政界军界的密切关系，多方劝说日军

王骧

残留山西，是"残留运动"的积极推动者。1945 年 9 月末，被蒋中央以大汉奸抓捕入狱，太原解放后被人民政府正法。

晋中战役结束后，阎收拢残兵，又将晋中各县裹胁到太原的青壮年强行入伍，一部分补充了正规军，一部分整编成 28 个保安团。提出要在太原进行总体战，建立所谓"战斗城"，成立总体战行动委员会，制定"战斗城"方案，目的是"巩固太原，战斗到恢复全省"。将太原一切可用的人力物力组织起来参与保卫太原，把全城男女老少一律按年龄、性别编为甲乙两支参战队。把所有的 18 至 35 岁、36 至 47 岁的青年和壮年，分别编入甲乙两支参战队；把 48 至 60 岁的老人编入老年助战队；把 13 至 17 岁的学生编入少年助战队；把 7 至 12 岁的孩子编入儿童助战队；还把 11 至 35 岁的女性编成妇女助战队。这样，差不多家家户户都有人参战，阎把这称之为"满天星"的布置。他对部下吹牛："一旦有事，关上大门，一齐上房，院守院，街守街，全民皆兵，共同保城卫家"。他把青壮年组成的"民卫军"（民兵）编入"铁血师"，把青年学生编入"神勇师"，推到前线抵挡解放军攻城。还号召市民捐款捐物，动员市民"舍命才能保命""毁家才能保家""幸生不生，怕死必死"。

1948年6月阎锡山与陈纳德及夫人陈香梅（结婚一年的中
国记者）在太原合影（资料）

　　在"战斗城"总动员的同时，还让其妹夫梁绽武和陈纳德的航空队疏通关系，注入股份，以得到美国支持，帮助其打内战。1948年10月到1949年4月，陈纳德的航空队18架运输机每天平均起降28架次，向太原空运粮食2500万斤，副食10万斤，子弹2500万发，炮弹10万发，以及化学弹、燃烧弹和大量其他军用物资、医药用品，占国民党其他两家航空公司总运输量的一半以上，给垂死的阎军"供了血，输了氧"，起了延缓灭亡的重要的作用；让绥靖公署副主任杨爱源长驻南京多方寻求蒋介石和李宗仁的各种援助；还想让自顾不暇的傅作义派兵来太原解围。一句话，就是想尽一切办法想生存下来。

　　为了表示他誓与太原共存亡的决心，1949年2月，在接受美国记者采访时，学着希特勒的样子在桌子上放了500瓶毒药，门口放了一口从五台运来

的棺材："我们决心死守太原，如果失败，我就和我的军官们饮此毒药同归于尽！""我还令侍从物色了一位有武士道精神的日本人，身带手枪，临危时将我打死，这个任务非日本人不能完成，我的侍卫是无勇气下手的。"总之，生不和共产党谈判，死不和共产党见面。如此等等，其实这些都是给外人和部下看的。

1949 年 3 月 29 日，阎锡山接代总统李宗仁"赴京议事"的电报到南京见李后，4 月 11 日又到奉化面蒋，对蒋介石说，太原战事紧急，拟速返并。蒋劝他说："太原虽重要，乃国家一隅，有国家始能有太原，阎先生应该以国家为重，留京参加主持大计"。阎锡山未听蒋言，还是执意要回太原，他联系了南京政府所属的中央和中国两家航空公司，两家公司都说太原的所有机场已被

陈纳德，美国人，抗战前夕帮助中国组建空军和航校。抗战爆发后，以私人机构名义组建航空"飞虎队"来华助战，后与中国空军组成混合飞行联队，抗战期间，率队共击落日机 2600 架，军舰 44 艘，亲自架机击落日机 41 架。中国解放战争中，他的航空队积极协助阎锡山打内战，延缓了阎集团的灭亡。1958 年 7 月 27 日在美国去世。（资料）

解放军的炮火控制，不能飞往。又找陈纳德的航空队，也遭拒绝，但仍不甘心，再三求助好友博瑞智继续做陈纳德的工作，博说人家不愿牺牲一架飞机，阎说可购买，博说人家不愿牺牲一个飞行员，阎又要求用降落伞将其送下，博无言以对，只好避而不见。但据阎的机要秘书原馥庭和贴身侍卫士张日明证实，阎最终还是动员了一架飞机飞回到太原上空，但因太原四周炮声隆隆，仅存的一座机场完全被我军封锁，万般无奈在太原上空绕城数匝，带着无限的不甘和悲怆黯然落泪永别了他统治 30 多年的太原。关于阎锡山"又飞回太原"的情况，解放太原被我俘获的残留日军城野宏在其回忆录中也提到：4 月中旬，阎锡山飞回太原，机场被炮火封锁，盘旋了一个多小时，无法降落。

阎锡山说："牺牲未到最后关头，决不轻言牺牲，和平未到绝望时期，决

不放弃和平"。阎虽然喊的很凶,但事到临头他也不一定一条道走到黑。他的秘书长吴绍之说:"老汉喜欢人叫他不倒翁,到时候他要不走是会起义的,他不会等着做俘虏。当初看了徐向前劝他起义的信后,他'未动声色',看来不像要与太原共存亡的样子。事情坏在李宗仁身上,请他议事的电报一来,走了之后就再没有回来"。1949年1月,北平和平解放后,王靖国窥视阎心理对其左右说,太原问题将来也是政治解决。

其实,具有"远见卓识"和善于"审时度势"的阎锡山对共产党的认识是很深刻的。早在1917年俄国十月革命成功后,就很惊异地对他的幕僚说:"看吧,赤化全世界的大祸就要来到中国",当时一般见识的人都认为这是杞人忧天,阎讥笑他们没有远见,不识世界大势。后来,阎常常自夸其30年前的"高瞻远瞩"。阎还曾对部下说过"中国有了共产党,我几夜睡不着觉"。1939年陕西秋林会议时,阎就觉察到"毛泽东这个人白天睡觉,晚上窑洞办公是个可怕的人物"。通过上党战役,才发现毛泽东不仅可怕而且非常可怕。1940年,爱国华侨陈嘉庚访问克难坡,在和阎座谈时说:"重庆政府是官场里腐败,战场上失败",对蒋政权表示很不满意。阎说:"我也有同感,哎,老蒋是个败家子,他永远把中国治理不下个样子。河那边的共产党可能有希望"。陈嘉庚点头赞成。阎"反蒋无力,从蒋不甘"的情绪常常能表现出来。1941年7月28日在吉县克难坡与昔日旧部、国民党军令部长徐永昌谈话时就曾预言:"国民党终究为共产党所败"。抗战胜利后,阎锡山也曾预测,

王靖国,五台县人,阎锡山铁军组织掌门人。太原解放时任太原守备司令兼第10兵团司令,解放军公布的太原五名战犯之一。1949年4月24日在太原绥靖公署被俘。1952年在战犯管理所因病拒绝治疗去世。(资料)

梁化之，山西定襄人，阎锡山特务组织特种警宪指挥处中将处长，1949 年 3 月 29 日阎锡山离开太原后代理山西省主席，是阎锡山阵营中最顽固的马前卒，解放军公布的太原五名战犯之首（其他四名为王靖国、孙楚、戴炳南、岩田清一）。1949 年 4 月 24 日上午 9 点多太原城破时服毒自杀，并预先安排侍卫，他死后浇上汽油焚烧尸体，死也不和共产党见面。（资料）

孙楚，晋南解县人（今运城解州镇），太原解放时任太原绥靖公署副主任兼第 15 兵团司令。解放军公布的太原五名战犯之一。1949 年 4 月 24 日被俘，1961 年 12 月 25 日同廖耀湘、杜建时等 68 人作为第三批高级战犯在北京功德林监狱获释，33 天后病逝于太原。（资料）

国共两党的内战肯定要打，而且要大打。在山西他和共产党的对垒中，他会处于劣势，太原被围，处境艰难。今后对付共产党恐怕要比 8 年抗战还要难得多。1949 年 4 月 11 日，阎去溪口见蒋，蒋说要重新作五年灭共计划，从组训青年干部开始。阎说，我看共产党只要占过三年的地方就不易收复。在太原城破之际，阎锡山也看明白了这盘棋，他说："打是死，和是痛苦，存在是一切"。继续存在就是向共产党服输，看来，阎锡山并不是真的"要和太原共存亡"。

太原破城前夕的 4 月 23 日，远在上海的阎锡山感到败亡的结局即将到来，内心挣扎的无法入眠，终于给太原主持危局的五人小组（梁化之、王靖国、孙楚、赵世钤、吴绍之）发来电报："太原守城事如果军事上没有把握，可以政治解

赵世铃（后），山西山阴县人，太原解放时任太原绥靖公署参谋长。1949年4月24日被俘。因解放太原时下令烧毁城南大片民房，解放后被人民政府正法。（资料）

吴绍之，山西定襄县人，太原绥靖公署秘书长，五人小组主和派代表。太原解放后积极配合人民政府接收太原，检举继续顽抗的反动分子，后任太原工商联主任。1960年病逝。（资料）

决"。可悲的是这份决定太原历史命运的电报，被顽固分子梁化之隐匿，24日上午9点多他和阎慧卿服毒自杀后，才有人发现拿出，但为时已晚，解放军已攻入绥署院内。

1949年4月24日5时30分，我军1300门各型大炮，同时轰鸣，阎的700门大炮也同时呼应，中国战争史的最大炮战在太原展开，当时的炮战场面，让双方的参战人员都目瞪口呆，叹为观止。一位解放军某部营长说，双方大炮对吼，那可不仅仅是"震耳欲聋"，简直是"天崩地裂"；解放军60军179师师长黄定基（原8纵临汾旅旅长）说，打了这么多年仗，第一次见到这样大的炮战；阎（日）炮兵也被打蒙了，打傻了，惊呼"共军哪来这么强的炮火"！

四野炮1师增援太原之前，解放军的炮火明显处于劣势，处于被压制状态。号称"天下第一"的阎军炮兵猖狂至极，炮阵地随意摆放，毫无顾忌。解放战争初期，美国的武器，特别是榴弹炮等重炮还没有大规模武装"国军"，

1945 年，阎锡山接手了日本人大量武器（各种炮火），加上自己生产的各种火炮（炮弹），在当时，他的炮兵确实很牛，确实比中央军强大。四野炮 1 师到来后，拉来了大量缴获的美式大口径野炮和榴弹炮，炮火的天平迅速倾向我方，而且占了绝对优势。

斯大林说，"炮兵是军中之神"。攻取太原城，我军全部以火炮打开城墙作为破城手段，火炮之多，火力之强，规模之大，在解放军战争史上是没有过的。攻城的解放军炮兵列阵，每炮的距离只有 8 米或 6 米。第一线是曲射炮，摆放在外壕前沿；第二线是山炮、野炮，部署在敌阵地 300 公尺左右；第三线是野炮、榴弹炮，离打击目标 1000 公尺。这么密集、这么威猛的火炮，一开打就让阎军大惊失色，吓得屁滚尿流，弃炮而逃。总攻开始仅仅四十分钟，我军就轰开小北门城墙，仅仅四小时就把红旗插到了"省政府"，彻底端了阎锡山统治了 30 多年的老窝。

最终，"存在主义"哲学贯穿一生的阎锡山，切实"存在"下来了，溃逃到台湾，但他的官兵却死的死、伤的伤、俘的俘、降的降。

这就是逆历史潮流而动的必然结果。

城东碉堡

牛驼寨庙碉

牛驼寨位于太原东北5公里，高出城垣300余米，站在牛驼寨高地，太原就在脚下，城内的中枢要地尽在监视和掌控之中。

阎锡山说："太原形势像人样，东山好比太原的头，手是南北飞机场，两脚伸在汾河西，城内好比是内脏，风格梁、石咀子好比眼睛高又亮"。"守太原必守东山，东山不守，太原无所依托，城破在即"。"城东四要点是塞中塞，堡中堡，足抵精兵十万"。"共产党根本不敢打，也没有力量能把它打下来"。明末李自成、1937年日本人攻打太原时都先采取"平推战术"，结果吃了亏，最后都是在占了东山后才陷城的。

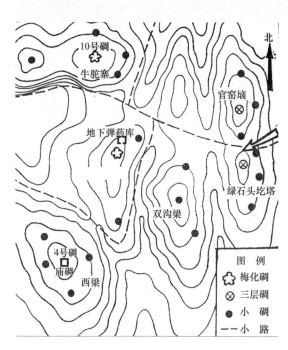

牛驼寨碉堡分布图

在太原形形式式的5000多座碉堡中，牛驼寨的庙碉，以其重要的军事价值和坚不可摧的"身躯"而堪称"碉王"。牛驼寨是阎军东山四大要塞之一，由10个大碉堡群和三大集团工事组成，4号主碉为指挥碉，也是牛驼寨的核心工事，因其是在老爷庙的基础上修建而成，被称为"庙碉"。庙碉由石块和水泥构筑而成，四壁厚度超过一米，碉顶呈"人"字结构，厚度达到一米五以上，碉顶的坡度和厚度能够有效降低和化解炮弹的攻击。庙碉建

牛驼寨庙碉（2016年8月27日摄）

于山头之上，居高临下无火力死角，周边有若干小碉护卫，碉下挖有三大隧道，可屯兵4000—5000人，还与其他碉堡相通。庙碉外遍地地雷、铁丝网，并利用地势修成劈坡，高达11层，形势险要，加之守敌顽固，是东山要害中的要害。庙碉，是一座饮血啖肉的魔窟，更是一台粉身碎骨的绞肉机，在牛驼寨的反复争夺战中，被它吞噬我年轻战士的生命不止3000人！

一次，阎锡山邀请美国记者参观牛驼寨防线，用他最厉害的野炮猛轰碉堡，炮弹落处只在碉堡上炸了几个白点，美国记者当场赞叹不已。

赵炳玉，河北人，柳沟村地下党支部书记。解放军攻打牛驼寨的重要向导。（资料）

　　1948 年 10 月 15 日小店战役结束后，进攻太原东山各要点的战斗于 10 月 16 日正式打响。10 月 17 日夜，解放军彭绍辉的 7 纵 7 旅在柳沟村地下党支部书记赵炳玉的带领下，趁夜行军 20 里，从秘密小道楔入牛驼寨发动突袭，次日拂晓前攻占了除庙碉以外的全部阵地。在奇袭敌人一座碉堡时，一名战士一脚踹开虚掩的碉堡门，从酣睡中惊醒的守敌还嘟囔："干什么，不能轻点呀"！当解放军高喊"缴枪不杀"时，一名军官还大声呵斥："你不睡觉，开什么玩笑"！当他们清醒过来时，面对黑洞洞的枪口，只好举手投降了。突袭了牛驼寨，阎锡山根本不信："共军主力正在城南集结，他们能插翅飞到牛驼寨"？当他穿好衣服推开窗户听到东山的枪炮声时，才如梦初醒，大骂东山守备司令刘效增是"混账王八蛋"。

　　庙碉的坚固和守敌的顽固，使 7 纵在第一次攻击中就伤亡 700 余人。阎军随后在炮火和飞机的掩护下连续组织反扑，战斗力非常强悍的残留日军和阎军混合编成的第 10 总队和中央军 30 师都调来参战，经过 4 天你死我活的残酷厮杀，双方都伤亡惨重，21 日我军弃守牛驼寨。

牛驼寨地下堡（2014 年 6 月 8 日摄）

历经 7 天激战，攻打东山各要点的战斗取得局部胜利，撕开了阎军第一道防线的几个大口子，石咀子、罕山、风格梁（一度占领）等要塞被我军攻克，但对马庄、牛驼寨等要点的攻击却严重受阻。面对困境，徐向前司令员及时总结历史经验，采纳了阎军降将、太原绥署野战军总司令赵承绶（在晋中战役中被俘）和临汾守备总指挥梁培璜（临汾战役中被俘）"攻太原必先取四大要点"的建议，赵承绶对徐向前说，历来攻取太原都是从东山头顶起步，李自成、日本人莫不如此。阎锡山把太原比作人，东山是头，城池是腹，南北机场是臂膀，西山矿区是腿和脚，如果从头顶上开

赵承绶，山西五台人，太原绥靖公署野战军司令，1948 年 7 月在晋中战役中被俘。解放后任山西省政协委员、国家水电部参事。1966 年去世。（资料）

刀势必太费劲，因为头长的太长了，往东伸出 30 多里，期间都是坚固的要塞和集团工事群，不如大胆采取"掐脖割头"行动，撇开罕山等第一道防线，这是史泽波（阎军 19 军军长，上党战役被我军俘虏，教育改造两年后放回）雪耻奋斗团的防地，他们受过共产党宽大政策的教育，对形势有所认识，对前途不能不自重，势必防守不坚。直取第二道防线的四大要塞，如果得手，太原死城就是囊中之物。徐向前采纳了赵承绶的建议，放弃了以城东南为主攻方向的计划，直接攻打阎锡山自诩为"坚不可摧"的牛驼寨、小窑头、淖马、山头等第二道核心阵地，实施"一剑封喉"的斩首行动。

10 月 26 日，太原总前委以我 4 个纵队包打敌四个要塞的空前恶战拉开序幕。第 7 纵队在晋中军区部队的配合下再次强攻牛驼寨，守敌是残留日军编成的第 10 总队大部和 68 师一部、机枪总队一部。敌人在飞机大炮掩护下，

庙碉里面足有20平方米（2014年6月1日摄）

与我军展开了长达19天的拉锯战，战斗进行的极其残酷，在阵地争夺的生死关头，阎军不顾国际公约，向我阵地投放了毒气弹，阵地上弥漫着令人窒息的大蒜味、干草味，把战士呛的喘不过气来，士兵一旦中了毒，就会浑身抽搐，就地打滚，痛苦万分，毒气弹直接致使解放军1600多人伤亡。

惨烈的争夺战战至11月11日，我军夺取了除庙碉以外的大部分阵地。庙碉阵地还有阎军精锐1000余人，其中包括数百名日本人，信奉日莲宗的日籍团长永富博之指挥他的士兵，敲打着太平鼓，诵读着《南无妙法莲华经》负隅顽抗。多少次强攻均无成效，迫击炮、山炮根本炸不开碉堡，最后挖了地道才接近庙碉，300斤、500斤炸药也不管用，11月13日，7旅3个团抽调精兵组成爆破组，实施9次爆破，耗用了2000余斤炸药，最后一次用了750斤炸药才将庙碉炸开一个口子（即图中的豁口），巨大的爆炸声震昏了守敌，我军冲进庙碉隧道时，断了双腿的残留日军第10总队第2团团长相乐圭二在指挥战斗，面对我杀气腾腾的英勇战士，80多名残敌乖乖当了俘虏，其中包括数十名日本人（相乐圭二死在抬往医院的路上，第3团团长菊地修一重伤被俘，成为太原军事法庭审判的日本9名战犯之一）。至此，我军完全

在牛驼寨被我军俘虏的阎军第 10 总队残留日军。（资料）

占领了牛驼寨。不可一世的日本人武装起来的第 10 总队被彻底歼灭，侥幸逃脱了 300 多名残兵，从此取消了这个"不可战胜"的番号。

历时 20 余天的牛驼寨争夺战是太原战役中最为艰苦惨烈的恶战，其激烈程度在整个解放战争中也是少有的。主要阵地上平均每平方米都要落下数发炮弹，以致焦土三尺，难以成垒，草木皆摧，树无完株。7 纵所辖的 5 个旅都轮番参加了战斗，损失非常惨重。我军一个爆破连攻打碉堡时，一批倒下，又一批冲上去，不到 10 分钟，一个连只剩下一个通讯员；有一个突击营几乎伤亡殆尽；有两个团分别只剩下 120 人和 200 人。战斗减员无法补充，只好一人顶几人用，牛驼寨上堆满了尸体，有的地方堆起好几层。攻坚到了寸步难进的时候，一向以善打近仗，善打恶仗，善打险仗著称的徐向前鼓励指战员："我们困难，敌人比我们更困难"。

一位参加过攻打牛驼寨的老人回忆：攻碉都是从下往上打，难度非常大，而且我们只有轻武器，一个排只有一挺轻机枪，一个连才有几门 60 炮，步枪、手榴弹、炸药包是主要武器。近战、夜战是我们的优势，我军伤亡主要是炮伤（占83%），敌伤亡主要是子弹和手榴弹，一个战士一天能扔出 500 颗手榴弹。

牛驼寨太原解放纪念馆浮雕（被炸开的碉堡造型）

　　一天夜晚，在进攻一座梅花碉时，部队中有人会说日语，趁黑摸到碉堡前，和守碉的10总队残留日军搭上了腔，在敌人还没有反应过来时，一名战士就迅速抱着炸药包冲进去炸开了碉堡。

　　黑夜是我们的世界，白天是敌人的天下。常常是黑夜我军占领的工事，白天就又被敌人夺走。我军攻占了除庙碉以外的所有阵地后，发现守比攻更难，黑夜筑起的工事、掩体，白天瞬间就夷为平地，敌人的炮火太猛烈、太密集（阎锡山炮兵号称是天下第一炮兵），而飞机轰炸和施放毒气弹更让人恐惧，由于这些阴影，战士们宁愿进攻也不愿防守。

　　攻下牛驼寨后，东山战事基本平息，野战部队撤离了阵地，地方部队又继续坚守了五个多月，直到太原解放。牛驼寨拉锯战惨烈无比，据参加过24天全程攻坚战的7纵老兵、88岁的刘仁义讲，在攻打牛驼寨集团防御阵地的战斗中，牺牲的战友共计8500多人。据被俘的永富博之回忆，在牛驼寨阎军死亡人数有1万数千人。

　　几十年来，庙碉虽然被废弃于荒野，但人们并没有将它遗忘，中央新闻纪录电影制片厂拍摄《决战太原》、日本导演池谷薰拍摄反映残留日军在太原继续充当炮灰的《蚂蚁部队》，都曾专程来这里取景，平日里经常还有军事爱好者、历史研究者和旅游者前来寻访考察，将它记录于笔端、收录于镜头，留下无数沉重的思考和感慨。

解放以后，1959 年市政府在牛驼寨修建了革命烈士陵园；1989 年 4 月 24 日，在太原解放 40 年之际，市政府又在陵园建成了太原解放纪念馆，并在纪念馆西面竖起了一座高 49.424 米（取自太原解放的时间 1949 年 4 月 24 日）的钥匙状纪念塔，喻示牛驼寨是一把打开太原城的钥匙。

牛驼寨太原解放纪念馆纪念碑（碑体喻意为"打开太原的钥匙"；高度为 49.424 米，意为太原解放的时间 1949 年 4 月 24 日）

以庙碉为核心的牛驼寨战争遗址被市政府列为太原市重点文物保护单位。

寻找小记：庙碉号称山西万座碉堡的"大王"，原以为就在牛驼寨太原解放纪念馆附近，其实远在纪念馆以东 2 公里的一座山头上。庙碉当时编号是 4 号，是整个牛驼寨集团防御工事的指挥碉。从残破的豁口进入庙碉，空旷沉寂，只有地上爆破的碎石和透着光亮的射口诉说着当年的惨烈。能囤兵数千的隧道已踪影难寻，只有庙碉东南的辅碉还依稀可见。

庙碉所在的这一地区现已是太原东山城郊森林公园的一部分，登上山头，满眼葱绿，在几个山头上建了凉亭和观景台，各山头之前修通了旅游公路，庙碉和周围山头上复原重建的碉堡给森林公园增添了一些看点，可惜碉堡修得太"新"了，找不到一点真碉堡的感觉，只能作为"符号"和"概念"给人一点粗浅印象。昔日血雨腥风的硝烟战场，今天成了休闲娱乐的世外桃源，真是沧海桑田。

淖马

　　淖马要塞遗址位于杏花岭区东山淖马村北，距城仅 3 公里。是四大要塞距城最近的一个。整个淖马要塞包括淖马村主阵地和周围小山头组成的 1 号至 9 号阵地，阵地周围遍布地雷、铁丝网、鹿砦和五层之多的劈坡。阎锡山以其主力部队第 8 总队 2 个团、40 师一部和保安 6 团驻守；以 30 师全部和 40 师两个团组成机动兵团，随时增援和组织反扑；以城东黄家坟、剪子湾、大小东门、双塔寺等炮群作为火力支援。

　　1948 年 10 月 26 日 16 时，我军第 15 纵队向淖马的阎军第 8 总队等部发起攻击，至 27 日拂晓，攻占了炮碉之外的淖马主阵地。此后两天，阎军连续组织 19 次反扑。在淖马所有阵地中最难攻克的是号称太原四大炮兵阵地的炮碉。11 月 10 日下午 4 时，攻打炮碉的战斗打响。43 旅 127 团（晋中战役中在太谷县董村威震敌胆的英雄部队）担任主攻。激战 5 小时，用了 800 斤炸药，让炮碉坐上土飞机。接着，敌人又进行了多次反扑，最大一次反攻前一天，阎锡山给 8 总队等部下令："再拿不回阵地，死也不要回来见我"。第 8 总队司令赵瑞命令执法队在临战前枪毙了 20 多个军官，其中有排长、连长、营长。第 8 总队 1 团 2 营营长姜啸林临刑前苦苦哀求："赵司令，

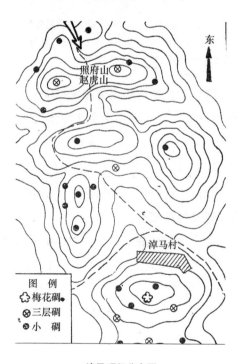

淖马碉堡分布图

淖马主阵地残碉（2015 年 3 月 22 日摄）

留我一条性命吧，我家还有妻儿和 70 多岁的老母"。

赵瑞和 40 师长许森亲自督战，倾 40 师全部、8 总队残部、30 师一部共 5000 余人，在凶神恶煞督战队的威逼下发起猛烈反攻，炮火之密集从未见过，电话线被炸的只剩下一尺长，战斗非常胶着、惨烈，没有手榴弹用石头砸，没有子弹就用刺刀拼、用铁锹劈，战斗中，我军 44 旅政委李培信不幸牺牲。经过一场场血战，我军在付出惨重代价后，终于守住了阵地。

11 月 11 日，在杨诚（原阎军第 9 总队司令，后任绥署野战军中将参谋处长，晋中战役中和赵承绶一同被俘。杨诚和赵瑞是太原北方军校的同学，同在赵承绶手下当差，深得赵信任。杨诚去淖马连写两封信做赵瑞战场起义工作，终于获得成功）的努力工作下，赵瑞率第 8 总队残部 600 余人战场起义。

我 15 纵占领淖马全部阵地后，纵队司令员刘忠来到主阵地察看，见浮土没膝，没有一棵完好的树，没有一株完整的草。

战后，我军总结了攻克四大要塞的三个"始料不及"：工事之坚固始料不及；敌人之顽固始料不及；督战队的作用始料不及。

　　寻找小记：淖马村位于太原城郊结合处，是典型的城中村，村里到处都是出租房，"村民"都操着南腔北调的口音，问碉堡的事都摇头不知。好不容易找到一个"土著人"，说前段时间还有一个老人相跟的两个年轻人来村里寻找碉堡。现在村里的碉堡早没有了，要找得去东面山上。我猜想，那老人可能是当年淖马战斗的亲历者。

　　村东的山区现在也是东山城郊森林公园的一部分，经过几年的绿化和建设，山地公园已经成型，到处是高高低低的树木，如果不去问人，寻找碉堡可不是一件容易的事。去时正值初春，游人寥寥，好在一个岔口，停着一辆护林防火车，如获至宝，经指点，在山崖边顺利找到一座残碉，可是灌木丛生，下面是百丈深沟，怎么也走不到碉堡跟前。看着深不见底的山沟和构筑险要的碉堡，不禁让人发出由衷的感叹：解放军当年是怎么攻上来的！

小窑头

  小窑头位于太原小东门 4 公里处，高出太原城 300 米左右，居高临下，可俯视东门城墙和环城铁路，是攻守太原的必争之地。要塞有大小山头 15 座，山梁狭窄，沟壑纵横，阎军凭借地形筑成交错连环阵地，钢筋水泥碉堡遍布于各劈坡上沿和死角。其中以 13 号、14 号（石人垴）阵地最为重要、最为坚固。

  敌 40 师一部、保安 6 团一部和第 10 总队一部坐阵防守。1948 年 10 月 26 日，我 8 纵队向该阵地发起攻击，24 旅担任主攻，光荣的临汾旅（23 旅）也参加了战斗。经过一天激战，24 旅攻占了 8 号、14 号、15 号阵地，第二天敌人组织强大火力疯狂反击，15 号阵地 5 次易手，双方炮火将阵地掀起近一米厚的浮土，冲锋时腿陷进去都拔不出来。13 号、14 号阵地争夺异常激烈，在 13 号阵（整个要塞的制高点地），我军 7 个连几乎打光，只剩下一个战士、一个排长、一个向导，最后弃守；在 14 号阵地敌人

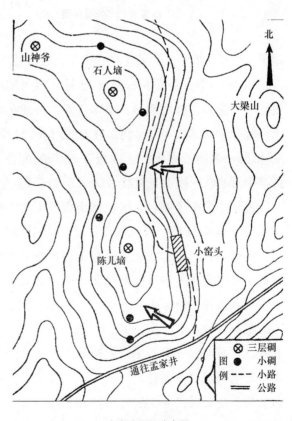

小窑头碉堡分布图

小窑头13号阵地残碉（2015年3月22日摄）

用了毒气弹、燃烧弹，我军伤亡惨重，被迫撤出阵地。

　　10月29日，我军再次强攻13号、14号阵地。几天时间，14号阵地不知投了多少炮弹，弹坑遍地，草木皆无，随便在地上手抓一把，简直分不清是土多还是弹片多。4天时间，在13号、14号阵地就消灭了2000多名敌人，敌40师一名团长被执法。24旅在23旅的配合下最后攻占了这两个阵地。经过半个月的殊死拼杀，毙敌2800人，自己伤亡2700人。

　　占领小窑头要塞后，一位河南籍战士大发感慨："从华东到华北，从杂牌军到王牌军74师，什么仗没打过，没想到阎老西就这么难打！"

　　寻找小记：小窑头就是横穿山西东西307国道旁边的一个小山村，它的名气大是因为曾是解放太原最难打的四大要塞之一。从涧马转过去时已经是中午一点多钟，因为这个时分，村里很难见到人，终于等到了一位70多岁老人准备如约打麻将，经详细指点，看到我还是一头雾水，索性要带我上山寻找。我也没有推辞，开车拉上老人拐拐弯弯出了村里的羊肠小道，上了村西北的山梁。老人也好多年没有上山了，寻找时也走错了路，好不容易在一片新坟旧墓的山坡上找到半截残碉。老人说沿这道梁往北上去就是这一带的最高点，西面那座山就是有名的石人垴，根据资料分析，我所在的这座山应该就是当

石人垴残碉（2016 年 3 月 12 日摄）

年打的最惨的 13 号阵地的一部分。

　　我把老人送回村里的麻将点，再三表达了深深的谢意。没有老人引路，自己上山肯定是"白搭"。一年之后，我第二次来到小窑头，找到了石人垴高地的砖碉，又爬到 13 号阵地的制高点，这里好像要开建什么项目，碉堡已变

山头

　　山头，是东山新沟村一个有三四十户人家的自然村。位于太原城东南 5 公里处，山头要塞由大垴山前沿阵地和山头、黑驼三个点组成。主阵地劈坡高达 6 米，每个要点俨然一座坚固的城堡，如被攻占，北面双塔寺和南面的马庄要塞便失去了屏障。敌第 9 总队和 73 师、49 师一部驻守。

　　1948 年 10 月 26 日下午，我军 13 纵队 38 旅发起了对该阵地的攻击。著名的"皮定钧旅"（37 旅）也投入到山头争夺战中。经过两天激战，38 旅便很快占领了前沿阵地大垴山。接着，又开始攻打山头阵地，在侦察地形时，113 团指挥员误踩地雷一死一伤，开局不利，为进攻蒙上阴影。由于侦察不够，误把这个主阵地当作一般野战工事，三次强攻，三次失利，伤亡严重，指战员信心受挫，情绪低落。旅部遂向纵队和兵团建议停止进攻，兵团首长坚定地说，坚决打下山头，要不惜一切代价，只许前进，不许后退，再次强调战场纪律。纵队及时汲取教训，迅速调整了战术，在深入侦察的基础上，最后经过两次智取、五次强攻，与敌反复攻守争夺，历经十数天斗智斗

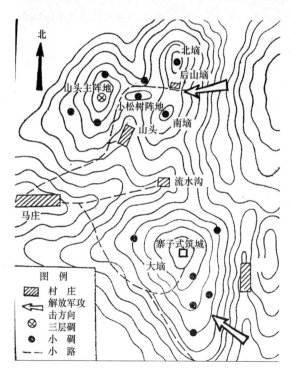

山头碉堡分布图

勇，终于在 11 月 12 日占领了全部阵地。

夺取山头的战斗进行的异常激烈，我军付出了惨重的代价。一场拉锯战结束，整个阵地地貌变形，焦土三尺。113 团的二营和三营只剩下 40 人，114 团的一营和二营只剩下 7 人。38 旅 113 团副团长李兴汉、37 旅 110 团团参谋长吕文斌在战斗中光荣牺牲。但在这块阵地上消灭了阎军 8 个师番号共 7 个团的大量有生力量。

参加过山头战斗曾任解放军 14 军副军长、时任 13 纵队侦察科长的王立岗老人回忆说，没有经历过比山头更残酷的战斗，阵地上到处是弹片和手榴弹柄，到处是炸翻的浮土和尸体，太惨了。

1948 年 10 月 26 日，从东山四大要塞攻坚战开始到 11 月 13 日结束，解放军 27 个半团参加了攻坚，只有 4 个团没有投入战斗，而阎军 83% 的兵力也都投放到东山战场。这场惊天地泣鬼神的空前博弈，双方都死伤惨重，仅敌 30 军在赛马场一地每天备有棺材千具；战前，我军在东山几个村为战士们准备的 13000 具棺材都不够用，有的战士只能白布裹身就地掩埋，他们没能

山头村大垴山阵地残碉（2015 年 3 月 22 日摄）

看到太原的解放，甚至没有一具赖以安息的棺材。四大要塞争夺战共歼敌2.2万人，我军也付出伤亡1.8万人的代价。

寻找小记：从地图上看，由南内环街一直往东进入丘陵山区稍走便是，真要走起来，不是那么简单。这里属于城边，一直在开发建设，去了三次，错走了三次。山头村及小堖山是山头要塞的核心阵地，很难找到碉堡残迹的一砖半石，据村里人讲，（20世纪）五六十年代，村里碉堡的石头早就被村民搬回家垒了猪圈和院墙了。再仔细询问，说村东稍远的大堖山还有不完整的碉堡。出了村往东由油路变成了土路，坑洼不平，狭窄难行，只得弃车步行。下了一条大沟继续往东爬行，越发难走。不高的山上松柏茂密，视野极不开阔，而且岔道很多。这时多么想碰到个本地人问路。山里稀缺的人终于出现了，心中大喜，一问才知，是个外地人，是进山找蝎子的，碉堡的事他一概不知；好在又碰到一个人，也是外地人，是进山捉蛇的，碉堡也和他无关。无奈，只能硬着头皮见了岔道挨着寻，走了几个岔道上去都是墓地，其中一处还是新坟，花圈的鲜花还没有发蔫。山风刮来飒飒作响，此时连逮蝎捕蛇的也碰不到了，空寂、山风、蛇蝎、坟墓不时袭来，心中不免怵然，最后，恐惧战胜了欲望，决定鸣金收兵。退回村里后，还是心有不甘，又敲响一个老乡的门，请求担任向导继续再往。60多岁的老人虽然没有拒绝，但遭女儿的激烈反对："去那地方干啥，不要去"！我见有小孩在跟前，给了两盒酸奶，并再三恳请老人，老人被我诚心所动，终于带我又上大堖山，找到一座残碉。

卧虎山

　　卧虎山要塞即现在的卧虎山公园及以东南地区，距太原城仅 1.5 公里，高出太原 300 余米，可俯瞰全城。阵地东西长 3500 米，南北宽 1500 米。东部是虎头，西部是虎尾。在太原所有的要塞中，这里的碉堡最多（160 座），式样最全（30 多种），以钢筋水泥浇铸的炮碉和梅花碉为骨干，各种碉堡成群成片，高高低低，怪模怪样。而且到处是壕沟、铁丝网、鹿砦和雷区，凡山坡比较平缓的地方全劈成直上直下的陡坡，每一个山头都是一个独立的支撑点，每一条山沟小道都是火力封锁区，目力所及的地面设施和碉堡下密如蜘蛛网的坑道设施，把卧虎山阵地连接成一个浑然整体，阎锡山在卧虎山上可谓花足了本钱，下足了功夫，称为"要塞之首"。阎锡山说，"卧虎山是攻不破的要塞。共军若打这里至少要三个军攻打三个月"。阎军 19 军军部、"铁血师"、68 师和 40 师残部 4200 人把守。

位于卧虎山虎尾的四层塔碉。随着城边住宅楼盘的不断开发，此碉楼已于 2009 年被拆除。（网友资料）

　　1949 年 4 月 20 日，太原城外围战打响，杨成武的 20 兵团 67 军 199 师、200 师担任了卧虎山的监视和相机攻击任务。战斗准备时，杨成武和兵团师以上干部在卧虎山西面二三公里的一座八角形古塔六层察看地形时被卧虎山之敌发现，他们刚下到四层半，几颗炮弹从塔

卧虎山脚下享堂梅花碉（2014年7月24日摄）

1949年4月22日，我军攻占卧虎山2号指挥碉（资料）

门打到塔内在六层爆炸，再晚下来半分钟，20兵团师以上干部就基本"光荣"了，这突如其来的炮弹把首长们惊出一身冷汗。

21日夜，已穿插到卧虎山西部的我199师抓住有利战机，对卧虎山之敌发起攻击。首先派了一个突击排在要塞的"虎尾"钻进坑道网，像土行孙一样突然出现在山头指挥所敌人面前，活捉了一个师长和副师长。接着又派出一个突击营，分成几个突击组，仍用偷袭的办法，神不知鬼不觉地冲到卧虎山总指挥部一阵猛打，只见两个阎军军官举着白旗边走边喊："不要打了，我们要见你们高级长官"。冲在前面的一班长灵机一动指着199师595团政治处主任张雨说，这就是我们的高级首长。张雨代表我军接受了投降。东北区守敌总指挥、19军军长曹国忠被押出来看到对手只有几个人时大为光火。199师师长李水清问："你是曹国忠"？"是"。"看样子你还有些不服气"？曹国忠叹了口气说："根据你们的惯例，打太原外围得一个礼拜，打完休整也得一个礼拜，没想到你们一个晚上就插到这里来了，接着就打卧虎山"。李水清又问："你

卧虎山残碉（2015 年 5 月 17 日摄）

们为什么没有守住"？"是你们偷打的"。"怎么是偷打的，解放军进攻太原的消息是公开发表的，你没有看到？至于什么时候打，怎么打，总不能告诉你吧！有本事你也偷着打"。对方无话，面带愧色。阎锡山吹嘘共军三个军三个月也攻不下的要塞，我军只用了 10 个小时就全部解决了，而且只用了两个团，预备队根本就没有拿上去，伤亡不过 200 人。俘敌 40 师师长许森、铁血师师长赵显珠、卧虎山要塞司令程敬堂以下 2000 多人，其余 1000 多人通过暗道逃回了太原城。

　　寻找小记：2014 年 5 月的一天，在网络上得知敦化坊富力城一带有四层炮碉，迅速驰往，这里是一片繁忙的住宅小区建设工地。好不容易在村里找到了当地人，说这里曾经很多，三年以前因盖楼房早炸没了，到东面山上找吧。第二次、第三次、第四次、第五次从不同的路径上山，还是没寻找到碉堡的影子，只看到了长满灌木的战壕。2015 年 5 月 17 日，第六次踏上了卧虎山寻碉路。在敦化坊村东北的一个开阔地停了车，找了一根打狗棍（之前听说山里一个养殖场附近有一条大狗），沿着似有似无的羊肠小道走到很高很长的围墙根，终于弄清楚了，这是动物园的南围墙，动物园现址就是原卧虎山公园，这就是当年卧虎山要塞的虎尾。从虎尾向虎身走没问题，果然，向东翻过一道山梁，见有人栽树，心中敞亮了许多，在山野见到人是令人高兴的事，还没有走到人前，脚下已经发现了碉堡遗迹，根据以往经验，周围一定还有，果然又找到两处，六次造访总算有了收获，但是几处碉堡很残破，没有达到预期值，继续东进，又下到一条沟里，见有一片篱笆围起来的猪舍，此处最可能有狗，每走一步都战战兢兢。过了这个危险地带，沿曲曲弯弯的土路继续往上爬，这山路太陡，手里又找不到攀援物，终于从十多米高的山坡上滑落下来，弄得满身黄土。站起来再往上爬，终于上来了，这是一座山头，往远处西南看，太原城尽收眼底；往近处周围看，几座各形碉堡就在跟前，这数座碉堡只是当年 160 座碉堡防线的冰山一角。

双塔寺

　　双塔寺位于太原东南 2 公里处，因寺中高耸着宣文、文峰两座明代万历年建的古塔得名。该要塞由 13 个大碉堡和 35 个小碉堡组成，南北长 400 米，东西长 1000 多米，这是个被阎军号称为固若金汤的"生命要塞"，驻扎有阎军第 43 军军部和 49 师、70 师、72（亲训师）师一部和一支由日本人训练指导的强大炮兵部队。

　　4 月 20 日，解放军杨得志的 19 兵团第 63 军 187 师、189 师向双塔寺要塞发起了攻击。在进攻前进行了动员和演练，针对"地雷多、大炮多、碉堡

双塔寺砖碉（2015 年 3 月 21 日摄）

1949 年 4 月 21 日我军向双塔寺要塞发起攻击（资料）

多"的特点，克服战士的"三怕"思想，树立攻打信心。在演练时用山炮、野炮轰击碉堡，结果在墙体上只留下几个西瓜大的白点。后来，派出侦察兵先将每座碉堡的每个枪眼编号，把一个连所有枪相应编号，经过多次演练，确保碉堡的每个射击孔都有专人负责，压制敌人火力，再用炸药炸毁外围的铁丝网、鹿砦，炸开一片无雷区，靠近碉堡将敌人炸昏，然后迅速攻下。

进攻开始后，首先控制了西南面的三口水井，造成敌人恐慌，外壕一个连的敌人缴械投降，在投降连长带领下，顺着暗道，一个一个攻占了碉堡工事，仅一天时间就夺取了这个要塞。毙敌 575 人，俘虏 4408 人。43 军军长、东南区总指挥刘效增在永祚寺西房被俘。激战中，为了遏制阎军炮兵火力，解放军用重炮从东山阵地轰击双塔寺要塞，宣文塔中弹，2 到 8 层被炸飞半边。解放后，当年指挥作战的原 63 军军长郑维山故地重游时，还为当年不得已的炮击而深感惋惜。他来到双塔下，见工人们正在整修双塔，对解说员说："当时不打就好了"。解说员风趣地说："当时打是需要的，现在修也是应该的，人民是理解的"。1984年，宣文塔被成功修复，这一太原的标志性古建筑又以昔日的雄姿耸立在龙城大地上。

在夺取双塔寺要塞的同时，解放军各部队迅速扫清了阎军其它城外防御阵地，直抵太原城下，太原明代旧城墙，成为阎军的最后一道防线。

寻找小记：从20世纪80年代至2014年8月，双塔寺（原来和双塔寺陵园在一起）不知去过多少次，从来没有见过碉堡，不是没有，是没有留意。第一次着意寻找，很幸运就遇到了一位"星期天"导游志愿者，年届六旬名叫关键的先生，老人家说起双塔寺景区的碉堡如数家珍，一一指点，顺利找

双塔寺地堡（2015年3月21日摄）

双塔寺陵园残碉（2015年4月5日摄）

到了景区的三座碉堡（伏地碉），而且保存比较完整。据关先生讲，景区正门东侧的地堡，可能觉得有点刺眼，有碍观瞻，索性用水泥抹平，上面涂了绿色，如果不作介绍，游人根本不知道是何物。

我推断，景区南面的双塔寺烈士陵园一定也有碉堡遗迹，不知什么时候分成两个单位，有高大围墙阻隔，从双塔寺过不去，只得绕道从陵园的大门进去，一般时间不祭扫、不安放骨灰等，无关游人是不能进去的，只能

攻打双塔寺要塞时，宣文塔中下部多处中弹。（资料）

等到清明等祭祀节日才对外开放。陵园也找到了数处碉堡残迹，只是已不成形。

和合寺

　　位于小店区西家凹村石咀子以东 10 公里处。连绵的群山中有一座和合古寺（现属晋中市榆次区），寺庙建在一座山峰的顶端，东面是深渊，西面有崎岖山路通往黄土坡等村，在寺庙上方的制高点上建有一座主碉，周围有数座辅碉、地堡，这里是阎锡山"百里防线"中东山防御体系的东南前哨，它居高临下，地势十分险要，西南可护卫武宿飞机场，南可直视榆次重镇，西可与石咀子、黄土坡等敌阵地衔接策应，成为山头、淖马等要塞的外围屏障。要打开阎锡山"百里防线"的东南大门，必先敲开石咀子、和合寺这两颗"门牙"，解放军 15 纵 43 旅 129 团担任了这个"拔牙"任务。

　　1948 年 10 月 7 日，也就是小店战役打响的第 3 天深夜，部队派出侦察员，踏着泥泞的山路，过壕沟、穿鹿砦、越铁丝网，冒着触碰挂雷的危险，爬到山巅，

和合寺修复碉（2016 年 10 月 19 日摄）

和合寺辅碉（2016年10月19日摄）

和合寺卡路碉（2016年10月19日摄）

摸清了几座碉堡的位置和布局。第二天，根据侦察好的地形，步兵和炮兵协同配合，打得又准又狠，经过7个多小时苦战，端掉了这个盘踞在山顶的险要前沿，打开了东南要塞的一扇大门。

寻找小记：从地图上看，和合寺在石咀子往东方向，上了五龙城郊公园的石咀子见有巡山的西家凹村民，问路说有七八里。向东行一里许，便进入榆次境内，山路变成土路，崎岖难走，最让人头疼的是遇到两处岔道，只好凭着感觉走，这里找个人影是十分困难的。艰难走了有八里多地，终于看到了一个村子，但早已人去村空，但没有一点人气。这里太过偏僻，村民都搬到平川和城里了。又走了七八里才看到和合寺的指示标。沿狭窄的山路爬坡，太陡了，陡的让人发怵。始终没有见到一个人。峰回路转，在不远的"天上"终于看到了一座寺庙。这个地方太险要！太突兀了！山巅上的和合寺正在扩建，好像停工了数月之久。大殿前的小广场停着一辆太原牌号的车，偌大的寺庙只见到一个尼姑、两个游人、三条狂吠的狗和七八只鸡。

碉堡就在大殿上方的山顶上，远处的山头上还一座修复碉。碉堡旁边有一座刚塑不久的佛像，足有10余米高。站在山顶，极目远望，真有一览众山小之感！寺庙的偏殿就建在最东面的悬崖峭壁上，向下俯瞰，让人惊出一身冷汗，那是万丈深渊，在这里，"险要"二字最叫人体会的刻骨铭心。

和合寺复原碉（2016年10月19日摄）

不熟悉的山路最容易转向，返回时一不小心误入歧途，费了好长时间才步入正道。临回到太原地界时，在岔道上再次走错，倒车时不慎陷进被雨水冲成的道沟，后轮胎怎么也出不来。在荒山僻野，求助无门，只好用千斤顶顶起车，沟凹里填上石块才解决了问题。

石咀子

石咀子是隶属于小店区西家凹村的一个自然村，距太原城 12 公里。是太原东南方向的制高点，是东山碉堡防线东南侧的大门。

1945 年 8 月 15 日，日本宣布无条件投降后，日本山西驻屯军首脑接受阎锡山的要求，在山西残留了有战斗力的三四千名日军，主要担负铁路和太原城周要塞的守备。在石咀子驻扎了 33 名残留日军，配合阎军守卫太原东南大门。1945 年 12 月 8 日晚，我晋绥军区二分区某部三连悄悄摸进村里，日阎军分住在村里和碉堡前的帐篷里。一支突击队在敌人的驻地放好炸药，两声巨响，20 多个日军压在塌房里，紧接着战士们又扔了十几颗手榴弹，里面的鬼子全

石咀子要塞指挥碉遗迹（2015 年 4 月 6 日摄）

石咀子二号碉（2016 年 6 月 19 日摄）

部"报销"。另一支突击队向帐篷里的敌人猛攻，大部分敌人被歼，其中包括 9 名日军。一部分跑进碉堡继续抵抗，我军派出爆破组，端掉了碉堡。战斗中我军一名排长光荣牺牲。这次战斗歼敌 50 余人，俘敌 11 人。

石咀子要塞前面是深沟、悬崖和峭壁，后面有野战工事依托，构筑了钢筋水泥碉堡和永久性工事，有主碉 5 座，副碉 16 座，分为 4 个阵地，东接杨庄、和合寺，南连西家凹。主碉周围有宽 5 米、深 3 米的外壕，各阵地还可相互侧应，又能得到城内远程炮火的

1948 年 10 月，我军攻占石咀子 2 号碉堡。（资料）

支援。守敌是敌保安 8 团和 15 团。

小店战役打响后，1948 年 10 月 6 日，我 15 纵 45 旅 133 团接受了进攻石咀子任务，经过 6 天激战，占领了石咀子除 2 号碉和指挥碉外的全部阵地。13 日，敌 40 师一部、8 总队一部和"雪耻奋斗团"共 6 个团的兵力在 10 余门山炮、野炮的掩护下进行疯狂反扑，我军已得两个阵地失守。两天后，我军再次组织进攻，经过多次激烈的拉锯战，于 10 月 16 日全部占领了石咀子阵地，炸伤敌副师长。把阎军第一道防线打开了一个大缺口，同时攻占了南坪头和千家坟部分阵地，向太原城推进 6 公里。

寻找小记：这是一个位于太原小店区境五龙城郊森林公园东北角的一个小山村，原来只有几十户人家，现在已大部分迁下了山，只剩下两三户在此坚守，搞一些养殖和其他营生。在村周山里转了一圈，发现多处进行墓地开发，墓园经济火的一塌糊涂。

据这里的老人讲，当年的战斗打得太惨了，满山都是双方的尸体，死的比牛驼寨还多（老人语，其实还是牛驼寨伤亡更惨重）。爬到 2 号碉堡所在山头，这是一个鹤立鸡群的制高点，当时的难攻难打可想而知。碉堡周围是两三米深的护碉壕沟，通向其他阵地的地道口还依稀可见。私下以为，把这里的碉堡、地道战壕复原一部分，给森林公园增添点爱国主义教育内容也很有意义。

石咀子三号碉残迹远眺（2015 年 4 月 6 日摄）

五龙沟

    五龙沟位于石咀子西南 2 公里处，是石咀子要塞的外围阵地。石咀子攻坚奋战正酣，为配合石咀子战斗，10 月 7 日，15 纵 44 旅 130 团攻占五龙沟

五龙沟是石咀要塞的外围阵地，图为五龙沟碉堡群。（2014年 7 月 25 日摄）

五龙沟是石咀要塞的外围阵地，图为五龙沟碉堡群。（2014年 7 月 25 日摄）

五龙沟护碉工事（2014 年 7 月 25 日摄）

和老坟，歼敌一个连，尔后向石咀子压缩。

　　寻找小记：五龙沟村是小店区东面和榆次接壤的一个山村，因为山上有一个 CS 野战俱乐部、两个滑雪场和好几个山庄，早在十年前就去过若干次，五龙沟最靠南的"人"字碉是我见到的太原碉堡最早的一座（原来只是在电视、电影、书报和网络上见过太原的碉堡）。据当地村民说，这里五座山头上有五个碉堡，间隔距离都是一华里。10 年前，以最南的碉堡为依托开发了

五龙沟梅花碉（2014 年 7 月 25 日摄）

"野战俱乐部"项目，一度时间还是游人接踵。翻过一座山再往北走一里许果然又找到一座，但这里已经人迹稀少，只有野鸡和山鸟的声息，越往北走，越没有路，而且荆棘丛生，举步艰难。一直走了四里多路，"传说"中的五座碉堡悉数找到。

东家凹

位于小店区西家凹村东南（现属晋中市榆次区），太原东山五龙城郊森林公园旁边。1948年10月12日，小店战役接近尾声，解放军15纵44旅130团攻克东家凹阵地，歼灭敌人一个排，进而向东南要塞石咀子攻击。

寻找小记： 由小店区境黑驼村附近的五龙城郊森林公园入口，沿9公里的登山健身步道从西向东攀登，到最高处是太原与晋中的交界，离开步道向右进入榆次区，石砌台阶变成坑洼土路，上了一座山头，四周眺望群山都在脚下，左右两侧都能看到残碉，这里是一个制高点。东家凹村没有看到，应该在下面，或已经迁走了，这里是远离平川、城镇的穷山，一切还是"原生态"，只是有过绿化的痕迹，这里生活太不方便了。

东家凹方碉（2016年6月19日摄）

东家凹残碉遗迹（2016 年 6 月 19 日摄）

罕山

　　罕山位于太原的最东端，与晋中市的寿阳、榆次接壤，距太原城 30 公里，海拔 1591 米，由老虎山、云梦山组成，是东山的最高峰。老虎山上伫立着大方碉，云梦山上盘据着大圆碉，并建有各型碉堡 50 多座。这里是从东攻取太原的第一道防线。

　　1948 年 10 月 16 日，攻击东山各要点的战斗打响后，由于我军第 15 纵队未能按时到达指定地点截击敌人，18 日夜，驻防这里的"雪耻奋斗团"总指挥史泽波率 3 个团从深沟逃回太原。身处罕山主阵地，孤立无援的"雪奋团"108 团团长李佩膺大骂史泽波"不够意思"。在这种情况下，他决定派参谋长陈朝宾与解放军联系投诚，而正在此时，1945 年在洪洞赵城被俘的阎军挺进四纵队副司令李维岳接受我军授意去罕山做李团的起义工作。10 月 19 日，李佩

罕山张家河碉堡（2014 年 5 月 7 日摄）

罕山炮碉（2014 年 5 月 7 日摄）

膺率所部 1000 余人在罕山起义，向 8 纵 24 旅投诚。

"雪耻奋斗团"成立于 1948 年 2 月。主要由 1945 年 10 月上党战役等被我军俘虏后放回的官兵组成，共 6 个团，约 1 万余人。编为"雪奋"1 团至 6 团，为混乱人们耳目又给各团以 103 至 108 番号，总指挥是上党战役被我军俘虏放回的阎军 19 军军长史泽波，副总指挥是同时被俘的阎军炮兵司令胡三余。各团长除两名团长是原团长外，其他四名团长都是原来的师长（均降级使用）。李佩膺就是原阎 83 军 66 师师长。他是一位沉默寡言较有谋略的军人。小店战役结束后，阎决定让李佩膺去守罕山，李有病迟迟不去，阎以为他是推托，要王靖国派人抬上他去，再不就用"铁军"纪律制裁他，李无可奈何去了，但埋下了后来投诚的根子。他起义后，他妻子石氏和女儿李爱华被追杀，忍饥挨饿走了一夜拼死逃到榆次城找到丈夫。

阎锡山对我军不断放回的军官很是头痛，曾对他的高级军官说："延安真是把事情做绝了，放回的被俘军官叫你不能用，不能杀，又不能不管"，进一步解释说："被俘过的人像失过节的女人，到了困难的时候就又容易失节，用上这些人到胜利的时候还没什么问题，到了生死关头就容易投降。杀了吧不近人情，也不能都杀，这把未回来的人都成了自己的敌人，无人卖命打仗，

史泽波，河北献县（今泊头市）人，国民党军第 19 军中将军长，1945 年上党战役被俘，1947 年放回太原，审核改造后任"雪耻奋斗团"（共 6 个团）总指挥，太原外围战打响后，奉命率该部大部从东山撤回太原，不久称病辞职。解放后任太原市政协委员，1952 年回到河北原籍务农、行医，1986 年 9 月 26 日去世。（资料）

正合人家意愿。不管吧，在各方面都起些反作用，成了人家的义务宣传员"。阎锡山把这些人组成返干团进行整治，为使他们不再反水断了二次投共的念头，令其身上刺上"雪耻奋斗""反共""灭共"等字样，专门成立了"雪耻奋斗团"，放到了战争的最前沿，如罕山、石咀子、小店、化客头等地，让他们不断和我军民制造摩擦，积累血债，以死心塌地当炮灰。阎把"雪耻团"称为特种部队，始终对他们不放心，不按正规部队装备，一律配备轻武器，使用单一轻炮，使其失去独立作战能力。而且在部队中安插政治工作队、侦察组、五雷指导员等多种监督、督战特务，担心不忠和再次反水，在这种情势下，官兵的军心和斗志可想而知。

寻找小记：罕山，在我心目是一座名山，早在十几岁的时候就听说了。现在才似乎明白，它之所以常被人们说起，是因为它是太原东面最高的山，也是太原的迎泽区和晋中的寿阳、榆次的界山，还在太原东出的交通要道上（307 国道）。站在罕山主峰，北面的阳曲县、东面的寿阳、南面的榆次（乌金山）、西面的太原城尽在眼中。

这里远离城镇，本来就偏，本来村庄就少，近年又整村或部分搬迁了一些，人烟越发稀少。

紧依 307 国道的张家河村，是一个刚建好的新农村，家家户户都是崭新的小二楼，现在已几乎成了一个空村，留守者寥寥，村旁的三层碉堡依然伫立。很幸运，在朋友当地亲戚的引领下，在村南又找到一座炮碉，而且保存完好。这里杂树、灌木横生，根本就没有什么路，没有向导，要找到这座碉堡简直不可思议。就是在寻找这座碉堡途中，向导突然示意我停下脚步，他指着林间草丛："看，野猪"！我扭头看去，只看到个屁股。我有些紧张，知道野猪伤人，忙问向导，向导说，一般时候人不打它，它也不招惹人。途中还见过几只漂亮的野鸡。向导说，现在没啥人进山了，野鸡、野猪、獾子、狍子越来越多。

　　东西祁家山村，早就听说有碉堡，顺着狭窄的山路好不容易走过去，在这两个远在深山的小村，连个问路的人都找不见，只得悻悻而返，留下遗憾。

乌金山是罕山的外围阵地，图为景区复原碉。（2014年7月26日摄）

罕山主峰筒碉（太原道网站创建人张珉资料）

孟家井

位于迎泽区郝庄镇。孟家井紧依旧官道，即现在的 307 国道，是太原东到寿阳、阳泉及河北的重要通道，是太原的东大门。这里山峦起伏、沟梁相间、地形复杂、军事价值极高，历来被兵家虎视。东山既是太原的天然屏障，又可侧击城南城北，是攻取太原的第一道防线。从 1912 年阎锡山统治山西开始到 1949 年 4 月结束，孟家井一带以碉堡为核心的防御设施，经历过了三次大的修建、扩建和加固。

修复后的孟家井集团防御工事（2016 年 3 月 12 日摄）

1912 年—1937 年。1912 年，阎锡山就在孟家井开始修建防御工事，当初的规模就可以驻扎一个营。在此之前，尽管孟家井已经设立过防御工事，但仅仅是一个小型的瞭望口。

1938 年—1945 年。1937 年太原会战时期，这里的主碉堡被炸毁一部分。1938 年，日本侵略军自杨家峪村沿大梁山修筑工事至寿阳，孟家井的碉堡由此得到加固，从原来一个营的驻军扩充到一个团。日军在这里修建了永久性地面工事和雷达站，整栋炮楼全都是钢筋混凝土浇筑，墙壁厚达半米之多。

日本人的军事工程设计，在那个年代是非常先进的，炮楼内部各个功能区域都很完备，作战室、弹药库、宿舍、食堂、厕所一应俱全；通风口、烟道、瞭望口、射击口遍布炮楼四周，设计十分精致，视野没有死角。

陈红有，抗日战争中只身火烧日军碉堡的孤胆英雄。（资料）

1943 年春，驻祁家山庙儿山碉堡的日伪军得到汉奸告密，深夜奔袭占道村，抓捕了我军三名地下工作人员并全部杀害。不久，又在冀家山抓捕了我军民政干部张烈同志，用削尖的松树桩把他活活钻死，惨不忍睹。时为游击队员的陈红有血气方刚，决心教训日军。经过几次侦察日伪军活动规律，凭借熟悉的地形，发现了庙儿山碉堡门外堆有柴草，决定孤身火烧碉堡。3 月底的一天深夜，陈红有隐藏接近庙儿山碉堡，把随身携带的两水壶煤油浇到柴草上点燃，又从射击孔扔进两颗手榴弹，在熊熊烈火和爆炸声中陈红有迅速撤回到驻地。第二天，驻孟家井据点的日军赶到时，看到的是烧毁的碉堡和一具日军和两具伪军尸体，活着的十来个日伪军也不同程度地受伤。陈红有只身烧碉堡的英雄事迹在东山迅速传开。至今，老百姓还在传着孤胆英雄陈红有的故事。

1945 年 3 月，我晋绥军区某部一个连决定攻打孟家井日伪碉堡，破坏日伪东山防御，连里先派敌工站地下交通员 3 人到孟家井碉堡据点做伪军的反正工作，争取到伪军一个小队长、一个班长和两名士兵反正，随后又派一民兵支队长马坤率部从董家庄出发，前往孟家井攻打炮楼。此前已与内线约好，伪班长用木条插入机枪堂内，使其失灵，又拉了两个小队长打起麻将。战斗一打响，内线班长和小队长缴了另两个小队长的枪，伪军全部被俘。伪军中队长与 30 余名日军负隅顽抗也全被击毙。这次战斗一共收缴机枪 7 挺，步枪 80 余支，掷弹筒 3 个，望远镜 1 副，还有一辆日军军车。

孟家井复原的主碉（2016 年 3 月 12 日摄）

孟家井地下工事（2016 年 3 月 12 日摄）

　　1946 年—1948 年。日军投降后，阎锡山用"残留"日本军人帮助他训练军队和指导防御工事的修筑。作为军事战略要地的罕山、孟家井，更在扩建和加固之列，在最高峰云梦山、老虎山和周围的张家河、东西祁家山等几个

复原的孟家井集团工事一角（2016 年 3 月 12 日摄）

村庄大量扩建、加固碉堡，成为一个整体性的集团防御带，碉堡数量达 50 多座，驻扎兵力有两个团之多。

1948 年 7 月，晋中战役结束后，遭到惨败的阎锡山把残兵败将收缩在太原城及周围，孟家井自然就成了防守的重点区域，这里的驻守军队增加到 4 个半团。1948 年 10 月 16 日，小店战役结束后，东山外围战打响，19 日，孟家井被我军 15 纵 45 旅攻占。

战争的烟云已散去近 70 年，孟家井这个战略要地的碉堡群大部分被岁月淹没，但防御工事主碉的基座及地下复杂的地道、暗道还在，虽然看不到当年"里三层、外三层、拐三弯"的诡秘布局，但毕竟还能探寻到大概。近几年，有一位祁县籍退伍老兵，自筹资金把这一带进行了大规模开发，修复了孟家井主碉及配属设施，整体恢宏气势不亚于当年。特别是投资者出于历史责任感和社会责任感，收集了火炮、枪支、弹药、战时物品等大量战争遗物和珍贵照片，在主碉下面的地道里辟成"太原抗战纪念馆"，目前已接待参观者数万人次，成为太原市民间兴办的爱国主义教育基地和军事旅游景区。同时，在这里还建成了台骀山滑世界（滑雪、滑草）和玻璃栈道、冰灯、光雕等景观。

　　寻找小记：这个地方离孟家井村很近，但属郝庄镇的另一个山村叫小山沟。小山沟村在碉堡群南面的沟里。由于这个景区（滑世界）的开发，小山沟也有了点名气，成了城里年轻人节假日的又一选择，还通了公交车，只是一天只有四趟，上午下午各两趟。2015 年 3 月 8 日，我第一次去就是坐的从火车站到小山沟的车，走孙庄、港道，路况不佳。返回时坐第二趟，终点站离"滑世界"和村庄还有较远一段距离，到了晚上七点多钟，夜幕已完全降临。不是星期天，这里游人很少，或者早回去了，此时等车的只有我一人，山风刮来，呼呼作响，加上各种山禽哀鸣，加剧了这里的孤寂和急躁。终于在七点二十分看到了远处公交车的灯光。偌大的车没有人下车，好像是专门来接我的，快到火车站时才有了三三两两上车的人。

　　以后又去了多次，都是开车走的杨家峪的 307 国道。

黑驼大方碉

　　黑驼大方碉是一座典型的围寨式防御设施。位于小店区北营街道办事处黑驼村村西南北走向的山梁上。

　　大方碉所在的山头地势险要，视野开阔，主碉周边散布着几座砖石结构的小碉堡。东面、北面都是悬崖峭壁，能清楚看到山下；西面有交通沟与双塔寺阵地相连；南面是劈坡，布满铁丝网和地雷。方碉四角建有圆形炮楼。关口、马庄和黑驼是当时非常难攻的围寨式堡垒。因此，它成为东山四大要塞争夺战结束之后，阎军在东山上控制的为数不多的阵地之一。由于战争破坏程度较小，又人迹罕至，大方碉成为现存规模最大、保持原貌最好的阎军要塞。

黑驼寨大方碉（2014 年 6 月 6 日摄）

黑驼大方碉辅碉（2013年12月1日摄）

大方碉由阎9总队第三团一营防守。1948年10月16日，15纵44旅132团向该地发起进攻时，敌人从附近的马庄又增加了73师一个营的兵力，由于我军侦察不详，地形不熟，炮火支援不够，连攻五天，收获不大，损失不小，遂停止进攻，转入围困。

东山四大要塞争夺战结束之后，孤城太原已陷入环形包围中。根据中央军委的指示和太原前指"围困、瓦解、攻击"的战役指导方针，解放军转入围城休整阶段。

1948年冬天，枪声逐渐平息下来，取而代之的是大规模的政治攻势。按

我军向阎军写劝降信（资料）

我军在前沿向敌人喊话劝降（资料）

照徐向前司令员"攻心为上"的指示，"人人动口，个个喊话"，我军发动了一个 10 万份信进太原的运动，前沿阵地掀起了轰轰烈烈的喊话高潮，印发了 50 多种宣传品、数万份传单，给走投无路的敌人造成"四面楚歌"的局面，严重瓦解了敌人士气，动摇了军心。同时，军队和地方党组织打通了社会各种渠道，积极争取敌人起义。在整个解放太原战役中，各部队通过多种形式瓦解分化敌人，有的部队印制了"投诚通行证""立功优待证"，证书上写有奖惩条款，号召阎军立功赎罪，用大炮发射到阎军阵地；有的部队做一锅大烩菜或一笼猪肉包子就能诱来十人八人投诚。（当时，太原已成了一座饥饿城，当兵的只要给饭就跟你干。城里的居民就更可想而知了，霉粮、豆饼、豆渣、野菜成了果腹的主食，甚至有人卖人肉包子！有一饿急了的中年妇女，见了卖米糕的，拿起就吃，吃完人家向她要钱，她说，我没有钱，大哥我跟了你吧。卖糕的一听撒退就跑："我的老婆还养活不了呢"！还有一机关小职员，上司给了一张餐票，一口气吃了 8 个馒头，第二天就一命呜呼了）。

　　五十多年后，在青岛军休五所颐养天年的离休干部李雄飞回忆起半个多世纪前发生在东山的特殊战斗，烟云往事依旧历历在目。1948 年 12 月底，李雄飞所在的对敌斗争喊话组进驻东山黑驼村，担负瓦解大方碉阎军的任务。在距离对方不足百米的前沿阵地上，喊话组发动干部战士向阎军分析形势、

黑驼大方碉护碉壕沟（2013 年 12 月 1 日摄）

宣传政策，鼓动他们弃暗投明。在这一过程中，双方官兵攀老乡、拉家常，甚至还达成了互不开枪的默契。1949 年元旦，李雄飞和一名宣传员携带香烟、饺子走出掩体来到双方阵地中间，与阎军官兵进行面对面的交流。阎军降将赵承绶、杨诚也积极做阎军的瓦解工作，亲自到黑驼前线喊话，历时 20 余天，他们曾经的旧部第 9 总队成排成连投诚，都是趁着天黑一个拉着一个的后襟投向我军阵地（因为长期吃红大米，而且吃不上蔬菜，都得了夜盲症，黑夜看不见路）。

　　一个月时间，在黑驼（大方碉）前沿，共瓦解阎军官兵 280 余人。在整个解放太原战役中，先后共有 29456 多人起义或投诚，其中政治攻势阶段争取了阎军 12423 人反正。大规模的非战斗减员，使本来缺兵少将的阎军阵营更是雪上加霜。

　　寻找小记：这是太原为数不多的又一座围寨式"城堡"。在围寨东南侧，还有 2009 年 9 月太原市人民政府立的"太原市文物保护单位——新沟黑驼址"石碑。这座大方碉与阎军其他碉堡不同，更像一座晋北长城边随处可见的明代军堡，四四方方的形制，夯土构建的堡墙，墙外砌有石条，每边长 30 米，寨内建有 6 个石窑，窑顶与寨墙铺平。单就外形而言，把它称为大方堡似乎

我军 15 纵 44 旅用迫击炮向敌阵地发射劝降传单（资料）

更确切一些。大方碉四周挖有三四米深的护堡深沟，再加上 5 米高的堡墙，而且壕沟里杂草丛生，无处下脚，没有梯子或其他攀爬设施，登攀堡顶是不可能的。我去过多次，总想攀顶看个究竟的想法无法实现。姑且把这个念想存放心头，待来年开发此堡时再偿夙愿。

马庄

　　位于迎泽区郝庄镇。号称"九沟十八川七十二个窑子关"的马庄阵地，地形极其复杂，进攻难度难以想象。在丘陵高处遗留的古代屯兵的一座圆形寨子和一座方形寨子，被阎军修筑加固成结构复杂的防御工事，里面建有碉堡数座，寨子围墙有口径不一的多个射击孔。

马庄方形围寨式城堡（2014 年 6 月 7 日摄）

　　敌 34 军军长兼南区总指挥高倬之据此指挥南线防务，守敌为 49 师、73 师、9 总队各一部及绥署直属炮兵营，共 4000 多人。以马庄为中心，与东面的黑驼寨，南面的南坪头、枣园，北面的黄家坟、椿树园等构成一个严密的防御体系。在该据点内外共筑有高碉（二至四层）14 座，低碉 32 座，并附有多种其他防御工事。

　　1948 年 10 月 16 日，夺取东山诸要点的外围战打响，我军 13 纵 39 旅 116 团、117 团先后对向马庄前哨枣园、南坪头发起攻击，占了一部分碉堡，在攻击主阵地时因地形复杂、情况不明，而且守敌抵抗顽强，数次攻击屡屡受挫。20 日，

马庄圆形围寨式城堡（2014 年 6 月 7 日摄）

37 旅 110 团攻击马庄南面指挥碉时也遭败绩；38 旅 113 团、114 团也参加了马庄据点的攻击，其中有两个营打得只下 7 人。兵团鉴于马庄要塞是防御重点，火炮强，工事固，不利作为主攻方向，遂停止行动。

1949 年 4 月 19 日 21 时，我 62 军 185 师五个团迅速突破前沿，直插马庄以北大庙，并以该地为依托，扩大战果，切断马庄之敌退路，堵死阎军回城的通道，敌人组织了数次反扑，均被击退，马庄及黑驼残敌被迫投降。

寻找小记：如果不去马庄，"沟壑纵横""地形复杂"，这两个常用词组你很难有切身体会。这里不是沟就是壑；不是丘就是梁；不是爬高就是下低；不是转弯就是拐道；处处有路，时时走错。走进马庄犹如进了传说中的迷魂阵，简直搞得人晕头转向，不知东南西北。进了村，不知问了多少人才找到有名的圆形围寨和方形围寨。这两个古代屯兵驻守的"保宁寨"和"天堡寨"已被太原市人民政府列为市级文物保护单位。现在，寨子外墙的砌砖、砌石荡然无存，而围寨里面碉堡残迹的破砖碎石，似乎默默诉说当年的战火狼烟。站在较高的圆形围寨上，看着这理不清头绪的山丘沟壑，就不难想象当年解放军初打马庄就栽了跟头。这么复杂的地形，那么诡秘的防御设施，如果双方实力相当，解放军要硬打硬拼，这要付出多大代价！

松树坡

位于杏花岭区杨家峪西南，本来是一个无名高地，因山坡上有五棵高达10米的古松，当年我军在标图时，统一编号称为松树坡阵地。该阵地由五个梅花形据点组成，每个据点有三个壁厚一米左右的钢筋水泥主碉和6个辅碉及10多个伏地碉，并筑有野战工事，还利用自然地形劈坡5到8层，各据点可独立作战，又能互相支援，还有地道相通。阎锡山称之为三不怕阵地："不怕枪、不怕炮、不怕炸药爆"。敌9总队一个团和一个加强营防守。

1947年，大同富豪在此捐建了一座外观为梅花状的四层大碉堡，底层有地道通向北面的暗堡，四壁有73个形状各异的射孔，堡内可部署一个加强排

松树坡梅花碉鸟瞰（2014年7月24日摄）

松树坡梅花碉刻有"大同"字样，此碉为大同富翁捐建。（2014 年 6 月 28 日摄）

的兵力。

　　1948 年 11 月 25 日晚，8 纵 22 旅向松树坡阵地发起攻击，奋战一昼夜，攻占了大部阵地，并且击退了敌 9 总队 7 次疯狂反扑。26 日 14 时，半美械装备的 83 旅被推到前沿。（该旅 1948 年 10 月 23 日从陕西榆林空运到太原，阎为让这支军队给他卖命，除好吃好待外，还放纵其包娼养妇、倒金卖银、欺市扰民。这是一支军纪极坏，影响恶劣的队伍。）临战前，贪财谋官的旅长谌湛在得到阎锡山的金钱许诺后夸下海口，说只用两个团就能夺回阵地。少将副旅长马海龙亲率一个团冲锋，被英勇的 22 旅拼死打退。丢了脸的 83 旅，孤注一掷，将其 3 个团的全部兵力向我阵地垂死猛扑，22 旅在付出伤亡 1100 人的代价后，打垮了敌 83 旅全部、9 总队 2 个团的 12 次冲锋，歼敌 3000 多人，最终守住了阵地。

　　战后，9 总队溃不成军，勉强凑成了两个营在仓库区与我对峙，再也不敢轻举妄动；83 旅元气大伤，战力一落千丈。谌湛感到前途无望，借口去南京请示整补，滞留上海一去不归。代理旅长马海龙整天借酒消愁大发牢骚："上阎锡山的当了！没想到徐向前的部队这样厉害"。

　　松树坡攻防战是太原战役外围战中采用新战法的模范战例之一，也谱写

松树坡梅花碉（2014 年 7 月 26 日摄）

松树坡东南角瞭望碉（2014 年 6 月 28 日摄）

了 8 纵 22 旅战史上的光荣一页。

2002 年，松树坡遗留下来的梅花碉，被中国人民解放军树为爱国主义教育基地。

寻找小记：在杨家峪及附近到处打听松树坡，当地人不知这个地名，这是当时我军临时标注的，应该是现在的零五站一带。从东环高速杨家峪桥下一羊肠小道攀上去，是一个视野开阔的高地，高地外围有高高的围墙，围墙上还装有铁丝网，铁丝网上挂有"围栏有电 禁止攀爬"的警示牌。据当地人讲，这里曾是省军区的军库，可能不用了。沿围墙绕到了正在兴建的住宅小区，顺着小区通往高地的小路上去，见到了保存完整的四层梅花碉，这是我五年来见到最大的单体碉堡，据资料介绍，它可容纳50多人（一个加强排）。这座碉堡的特殊之处在于，能从外面楼梯台阶直接上去，也能通过暗道从里面上下，还有地道通往其他明碉暗堡。站在碉堡的最高处，东南面的一座瞭望碉也看得清清楚楚。从碉堡后面再往里走，看到一个醒目的提示牌："军事禁区　严禁入内"。后来，又从小区去过三次。2016年8月再去时，小区通往高地的路已被封死，再也见不到梅花碉的"尊容"了。

观家峪

位于迎泽区郝庄镇。1948年10月31日，15纵44旅攻占了观家峪阵地。11月11日拂晓，阎军第8总队司令赵瑞在淖马要塞率600名官兵起义后，在观家峪改编为华北军区第一独立支队，赵瑞任支队司令员，后开到太谷整训。杨诚、赵瑞因动员和组织起义有功受到解放军的奖励。

寻找小记：这个村为我指路的老羊倌至今不能忘怀。进村询问后，得知村西北有碉堡。沿着坎坎坷坷的路，进入山脚下的沟洼地带，在一处相对高地，顺利找到一座。第二座怎么也寻不着，索性返回村里再问人。运气不错，返村途中，正好遇到一位牧羊老人，很热情地为我指路，说就在附近。我继续进沟搜索，还是无果。又返回追寻已经走远的牧羊老人，老人二话没说，赶

观家峪残碉（2015年3月22日摄）

非常隐蔽的观家峪方碉（2015 年 3 月 22 日摄）

着羊群返回为我带路。羊群路过一个垃圾场，老人突然加速驱赶羊群，怕吃到塑料（塑料袋），塑料在胃里没法消化，吃多了很危险。我为老人为我冒险带路深为感激，但愿羊群安然无恙，"阖家"平安！老人赶着羊群，带着我爬高下低，辗转了足有半个小时，才在一处不易被发现的地方找到了另一座碉堡。这样隐蔽，这样诡秘，当年，阎锡山在碉堡布局上也可谓费尽了心机。

我再三感谢了这位牧羊老人。这就是淳朴的山里人！这就是无私的山里人！这就是乐于助人的山里人！

风格梁

　　风格梁战斗遗址位于太原城北20公里的尖草坪区阳曲镇风格梁村。风格梁，海拔1059米，西北是棋子山，东面是罕山，登高可俯瞰阳曲县南部和尖草坪区北部平川。火力可控制南北铁路、公路交通和新城飞机场，封锁空中运输，历来是兵家必争之地，也是阎锡山固守太原时的重要防御阵地之一。阎锡山曾把太原防线比喻为"人"字形结构，风格梁即为"左眼"。阎军在风格梁一带共筑有碉堡、暗堡26个，碉堡之间都有暗道相通，伸向前沿阵地，这样坚固严密的工事，不仅能纵横交叉，组成强大的火力网，而且也能使兵力从暗道里来回调动。前沿阵地都挖了隐蔽壕，劈了坡，构成了易守难攻的坚固工事。风格梁若失，新城机场就失去了控制，就等于失去一条空中运输通道。

风格梁六角砖碉（2013年12月1日摄）

1948年10月6日，西北野战军7纵独12旅、警备2旅、晋中军区独一旅发起强攻风格梁战斗。经过7昼夜激战，我军攻克太原东北重要据点风格梁，歼敌第68师冯亚夫的"老虎团"和暂编第39师1个营和保安7团。我军占领风格梁高地后，阎军集中30师81团和68师主力，在数十门山炮、野炮和飞机的掩护下拼命反扑，战斗中我军一名连长的头颅被炸飞，一名副班长被炮弹炸起挂到树上牺牲。经过数日殊死鏖战，终因敌人炮火凶猛，我伤亡过大，14日被迫撤出阵地。

由于阎军东山四大要塞丢失，2万多人被歼，12月初，开始收缩防御，撤守风格梁和前后李家山，7纵占领了风格梁和西岗、麦坪、西沟煤矿。

寻找小记：太原东北的风格梁和东南的石咀子是整个太原防御体系的两只眼睛，不到风格梁不会体会这只"明又亮的眼睛"。从尖草坪区阳曲镇向南穿过铁道沿着弯曲山路向东爬行10余里，随着地势的升高，视野也越来越宽，站在风格梁的高处，军事制高点的概念清晰起来，向四周望去可谓一览无余。双方为争夺这个高地拼的你死我活，为此付出了数千人的代价，这个地方太重要了！

这个村离城镇较远，村里的人也越来越少。村里的碉堡已被拆除，在离村稍远的山头、高地还能觅到残碉踪迹。

榆林坪

　　位于杏花岭区小返乡。榆林坪是太原外围的前哨高地，太原东北的第一道屏障。1948 年 10 月 17 日，解放军 7 纵 12 旅将其团团围住，在向敌坚固工事实施攻击时，先头部队见前面沟里放满了棺材，一位副连长说，同志们，山西人民为了支援我们解放太原，除人力物力外连棺材都准备好了。战士们争着说，这个是我的，那个是他的，一个卫生员指着一具棺材对指导员说，如果这次战斗我牺牲了，把这具棺材给我用，说着在棺材上写下自己的名字。榆林坪的碉堡工事墙壁厚实，异常坚固，炮弹打去只能炸个小白点，几次强攻都不奏效，最后我军将地道挖到碉堡底下，用了大量炸药才把碉堡炸开。残酷的战斗整整进行了 7 天，才攻占了仅有一个连把守的榆林坪，在攻击中，我 104 人的一个连队只留下不足 30 人。榆林坪阵地被我军艰难占领，打开了

榆林坪残碉（2015 年 12 月 19 日）

榆林坪方碉（2016 年 12 月 19 日摄）

四大要塞之首牛驼寨的外围大门。

　　寻找小记：这是杏花岭区东北的一座小山村，因为它的位置重要，村名也经常在解放太原的战斗中出现，知名度比较高。它是太原东北方向最外围的第一道防线，因此它的防御设施相当坚固。通往这个村只有一条窄窄的县乡小道，车少人稀，这里基本还是原生态。

白龙庙

1949 年 4 月 20 日，太原城外围战打响后，18 兵团 62 军一举拿下白龙庙据点。白龙庙筒碉位于院墙中间，一边是马路一边是宿舍区，碉堡未受到破坏，射击孔的活动半圆球还基本是原样，这种避弹射口是至今发现的太原碉堡中保存最完整的。碉堡底下有暗道通向其他防御工事。

白龙庙筒碉（2013 年 12 月 3 日摄）

寻找小记：在太原大东关街还站立着一座完好的砖碉，这是太原城边现存离百姓最近的一座碉堡遗存，它的一半就在居民院里。当地人已经见怪不怪了，初见到它的人还会吃惊：居民院落竟然还有这等尤物！几十年来，多少次道路和居民区改造它还是存活下来了，作为历史的见证，时刻提醒人们不要忘记 70 年前的那场碉堡大战。

沟南村

位于尖草坪区阳曲镇。解放太原战役中，沟南村是阎军暂编39师师部所在地。1949年4月20日6时，在太原城外围战中，该师师长刘鹏翔被20兵团66军197师击毙。在沟南村老村山梁上还有残碉遗存。

寻找小记：在太原目前找到的200多座各式碉堡中，建于解放后的还是不多见。这两座就是在20世纪50年代"新"建的。建它的目的就是因为在现在的新村附近建了一座物资仓库，为了保护仓库，在围墙的南面和北面各

沟南村物资仓库守护碉（解放后修筑）（2015年5月16日摄）

建于 20 世纪 50 年代的沟南村筒碉（2015 年 5 月 16 日摄）

修了一座碉堡，至今保存完好。这是新中国成立后共产党修筑的为数不多的
碉堡之一。

西岗

　　位于尖草坪区阳曲镇，碉堡群于 1947 年修筑，阎军暂编 39 师一部驻守。1949 年 4 月 20 日被我 20 兵团 66 军 198 师攻克。

　　寻找小记：西岗碉堡群的文字说明是全篇最少的。多种关于太原解放的资料对这一区域的战斗记载都着墨很少，我想是因为总攻太原城的外围战打响，这些离城稍远的守军早已魂飞魄散，解放军进攻的枪声一响就四处溃逃或束手就擒了。

西岗方碉（2013 年 12 月 1 日摄）

西岗村方碉（2013年12月1日摄影）

　　西岗村碉堡群共有各型碉堡14座，是拥有碉堡最多的村庄，人称"碉堡村"。现在，村委正依托碉堡资源，开发乡村旅游，让游人前来呼吸新鲜空气，采摘山上蔬果，品尝农家饭菜，参观遗留碉堡。

谷旦（工厂区）

位于杏花岭区中涧河乡。1949年4月20日，扫除太原城垣外围的战斗打响，我军20兵团66军197师由太原城东北直插沟南村、皇后园，然后以钳形阵势向光社、新店、谷旦、七府坟、化学厂一带攻击，守敌是30军89团和暂编46师第1团，当攻击部队攻占了谷旦、七府坟等几个据点向工厂区推进时，进攻连续受挫。这时，守敌突然打出了白旗，用扩音机喊话："我们同意休战，请贵军师级长官前来商谈受降事宜……"在前方攻击的部队是197师590团，身为团长的林向荣（林彪的二弟，林向荣所在的部队是原华北军区第1纵队第2旅，1949年2月，在北京顺义改编为20兵团66军197师，林向荣任590团团长。1949年3月26日部队奉命开到太原北郊。出征太原前，林彪曾把林向荣从顺义接到北平城住了几天，这是兄弟俩参加革命后的首次长聚，

谷旦方碉（2013年12月1日摄影）

没想到竟是诀别。）考虑到敌人整体投降的可能性不大，不能让师领导前去冒险，自告奋勇不顾自己安危，带领一个排前去试探，不料刚到敌人据点前，凶相毕露的敌军军官大喊"报上名来！"林向荣从容答道："团长林向荣！""才来个团长送死呀！"接着就遭到敌人机枪的猛烈射击，交火中他的警卫员中弹倒下，就在林向荣上前救护时，也被机枪弹击中，当场牺牲。这是一个无遮无挡、三面挨打的绝地，除两名战士负伤后侥幸生还外，林向荣和其他30多名战士全部罹难。第二天7时，590团、594团在炮火的掩护下攻占谷旦附近的化学厂、机车厂等工厂，控制了大部分厂区，逼近城垣。22日一昼夜，敌人又组织了9次疯狂反击，还施放了毒气弹，我军一个营伤亡过半，我军牢牢控制了所得阵地。

　　寻找小记：在解放太原战役中，我军牺牲的团以上指挥员不到10人，林彪的弟弟林向荣是其中之一。牺牲的具体位置从诸多资料、书籍记述上推断，应该就在谷旦、七府坟一带，原来的几个工厂也早已消失，旧貌被新颜全部覆盖，随着时间的推移，昔日的蛛丝马迹也将慢慢烟消云散。

峰西

位于尖草坪区阳曲镇。这里群山起伏，沟壑纵横，是阻挡兵马的天然屏障。穿过这片山峦地带，向西南数公里就是太原城外密集的工厂区。1949年4月20日，20兵团66军198师594团攻取峰西村。

寻找小记：在峰西、歇子寨、欢咀这些地形非常复杂的地带，当年的各种明碉暗堡犬牙交错，现在的遗存也不在少数。如果没有当地向导指引，走冤枉路是不可避免的，尽管见人就问，寻找的难度也常常让人泄气。

峰西子母碉（2015年12月19日摄）

峰西方碉（2015年12月19日摄）

南塔地

　　位于阳曲县侯村乡。紧依旧官道（现 108 国道）和北同蒲铁路。敌人在这里修筑了数座护路的明碉暗堡。1948 年 11 月上旬，东山四大要塞奋战正酣，晋中军区独一旅在攻克黄寨、周家山、棋子山、青龙镇后，又向西南扩大战果，拿下南塔地、会沟梁、欢咀，并争取三孔桥一个连的敌人投诚，我军由北向南压缩了 20 公里。

　　寻找小记：南塔地的这座碉堡是典型的护路碉，正好处在公路和铁路的中间，一碉守两路，这是一座最好找的碉堡。因为它不碍事，至今还在山西

南塔地残碉（2014 年 3 月 15 日摄）

南塔地碉堡内部结构（2014 年 3 月 15 日摄）

省的两条主要公路和铁路间的夹缝里安然无恙。

窑头

　　位于杏花岭区小返乡。1948年10月24日，太原东北方向的重要据点榆林坪被我军攻克后，附近的窑头、水沟等据点仍然是阻止解放军挺进太原城的绊脚石。1949年4月20日，总攻太原城前的城外清扫战打响，解放军20兵团67军200师598团以泰山压顶的凌厉攻势，迅速攻取了阎军68师把守的窑头、水沟，并同兄弟部队会攻丈子头。

　　寻找小记：这里远离城市，沟山相间，村少，村里的人也少，年轻人大都在外打工，或举家搬迁。要么难遇到村，要么难遇到人，所以，问路是一件很头疼的事。好不容易问清楚了，这座碉堡还在一家企业圈起来的山上，顾不了许多，硬是从锁着的门缝里钻进去才找到了碉堡。

窑头三角碉（2015年12月19日摄）

丈子头

　　位于杏花岭区中涧河乡，是靠近卧虎山要塞的重要防守区域。总攻前围困阶段的太原守敌饥寒交迫，军心涣散，在我军强大的政治攻势下，经常有三五成群的阎军投诚我方，一个连只有三四十人，战前大量减员，形势每况愈下。1949年4月20日，我20兵团67军199师、200师势如破竹攻占该高地后，开始向太原城边的卧虎山方向攻击，守敌68师除一部分南逃外其余大部被歼。

　　寻找小记：这是阎锡山退守太原以来东北面比较重要的战略据点，无论地理位置和交通位置都非同寻常，一直有师级指挥部驻扎。现在也仍然是一个交通节点，太原东环高速在这里设了出口。从七府坟往东穿高速来到丈子头，

丈子头方碉（2015年6月19日摄）

在村里村外到处问人，都说碉堡早就拆除了，总是不甘心，又向村东北方向
继续寻找，终于在离村较远的山梁上找到一座。但近前无人询问，就权当这
碉堡是丈子头了。不过至少可以说明一点，在这个军事要地切实还有碉堡遗存。

源涡

位于榆次东南3公里，是拱卫太原外围的重要据点。1948年7月18日晋中战役即将结束，阎锡山军队纷纷溃败，当天夜晚，驻守榆次阎军赵瑞的第8总队和行政人员1500多人，慑于我军声威和气势，不敢抵抗，由东城门弃城北逃，中途带走了罕山、砖井的青壮年600多人跑回太原。19日榆次解放。

寻找小记：源涡是榆次城东的一个大村，是寿阳、昔阳、和顺进入榆次的必经之地。村南一里多处有一座小山丘，相对高度也就是一百多米，潇河就从脚下流过，这是一个扼守榆次城的制高点，也是守护太原的东南屏障，

源涡残碉（2015年6月11日摄）

源涡复原碉（2015年6月11日）

这里距太原不到30公里。站在山头，西面的榆次城和周围的村庄、河流、道路尽在眼中。有眼光的商家打起了小山的主意，在山上种了不少树木，还搞了几片果园和蔬菜大棚，建起了农舍，供市民采摘郊游，特别是把原来山上的几座残碉恢复了原貌，深三四米的护碉壕沟也又重见天日，成为游人的看点。

第二部分

城北碉堡

太钢（太原北飞机场）

　　光社飞机场遗址（太原北飞机场）位于太钢厂区北部。1920年，阎锡山就着手发展航空兵，派出留学生去法国学习，在太原成立"山西军人工艺实习厂"，厂内设有组装飞机车间。1923年，阎锡山在这里修建了山西境内最早的飞机场（土质），1925年，阎派督军府秘书、留法学生潘连茹从法国买回两架飞机，命名为"鹏字1号"和"鹏字2号"，计划购买40架。成立了航空兵团，办起航空预备学校。秋天，法国交货飞行员试飞时，撞上电线杆机毁人亡。到1930年底，先后从法国、英国、德国、日本购进、组装

太钢梅花碉（2014年5月7日摄）

飞机 20 架,航空队发展到 100 多人。这些飞机只用于训练、发传单、侦察、吓唬人,没有形成实际战斗力。1937 年抗战爆发后合并到国民党中央航空机构。

　　1934 年,太钢的前身西北炼钢厂在飞机场附近破土兴建。1937 年,日军侵占太原后又对飞机场进行整修扩建。抗战胜利后,阎锡山继续扩建使用这个机场。1946 年 3 月 3 日,中国共产党代表周恩来及国民党代表张治中、美国顾问马歇尔组成的三人军事调停小组由河南新乡乘飞机来太原就降落于这个机场。1948 年 10 月,小店战役打响后,解放军占领了武宿机场,阎军又紧急抢修了 5 个飞机场以保证空运,其中,炼钢厂(太钢)机场因为隐藏性好,不易被解放军炮兵观察、命中而成为阎军实施空运的主要机场。

　　1949 年 4 月 22 日,杨成武 20 兵团 3 个军会师于光社,68 军攻占了这个机场。

　　1951 年机场南迁后,这个简易机场旧址划归太钢使用。但当年阎军的飞机库,除一号库因为工程的需要而被拆除外,其余 4 座机库都完整地保留下来,

　　1946 年 3 月 3 日,周恩来(右三)、马歇尔(右四)、张治中(右五)军调处三人小组的飞机降落在光社机场。(资料)

光社（太钢）飞机场机库（2014年5月7日摄）

是省内唯一民国时期的飞机库遗存，现在已成为战争文物陈列区。战争时期，在每个飞机库的四角都设置了岗楼，机库旁边的一座梅花碉是专门为保护飞机库而建的。碉堡共三层，地下一层，地上两层，墙壁厚达一米有余，为钢筋混凝土结构。地上看到的碉堡四周无门，进入碉堡必须得先下地道，据说此碉的地道可通省政府，专供阎锡山使用。解放后这座碉堡曾被太钢存放有毒物品和放射性物品，为此墙壁专门凿开个小门。2009年市政府将此作为历史建筑，挂牌保护起来。

这座梅花碉是太原保存最好、体量最大的碉堡之一，对研究山西军事设施具有重要意义。

寻找小记：关于太钢碉堡在网络上有所知晓，但不知哪年，厂方实行厂区封闭，社会"闲杂人员"无有效证件不得入内。2013年曾试图从东门和西门进去，但都因门卫"太负责任"未能得逞。不得已通过关系找了个在太钢工作的"内线"，借了人家的工作证才"混"进去。太钢确实是闻名的花园式工厂，里面绿树成荫，花红草绿，特别是李双良创造的渣山公园更让人匪夷所思，可谓功德无量。碉堡就在厂区的北部，这是一座保存完整的碉堡，当年筑它的目的，就是保护附近的飞机场和飞机库。最近几年，太钢将当年的老蒸汽火车头及最早的一号炼钢炉都集中到碉堡、飞机库附近，作为文物保护起来，成为爱国主义教育基地。

周家山

    位于太原城北 30 公里的阳曲县境内，是北部山区的一个制高点，海拔
1251 米。1948 年 11 月 5 日，晋中军区独一旅，激战三日，攻克该据点，全
歼敌 46 师第 3 团，生擒敌北线要塞司令粟荫周和上校团长宋尚朴、副团长李
仁宜。

    寻找小记：周家山和棋子山是太原防御圈除忻州进入太原门户石岭关之
外最北的防守高地，位于阳曲县境内与尖草坪区交界处。这里群山虽不高不大，
但起伏连绵，是北进太原的天然屏障；这里人稀村寡庄稼少，一派远离城市
的山野景象。和其他荒山野岭一样，找人问路非常困难，偶见一人如遇救星，
顿觉茫茫迷雾中看到阳光。终于开车快到了山顶，又没了路，只能穿荆棘越
草丛继续走自己的路。碉堡找到了，它的模样应该还是战争结束时的那个造型，

周家山高地残碉（2014 年 10 月 3 日摄）

周家山蘑菇残碉（2014 年 10 月 4 日摄）

这里实在是人迹稀有。通常说周家山是碉堡防御圈最北工事，费再大的劲也
要见到它。

棋子山

与周家山毗邻，互为犄角，海拔 1418 米，是太原北部的天然屏障。1948年 11 月 5 日，晋中军区独 1 旅激战三天奋勇攻克。

寻找小记：棋子山和周家山是高出周围群山的两个制高点。相互照应，彼此相依，一损俱损。来到工事主体部分，周围其他碉堡尽在视线中。这里与周家山不同的是，山顶有大型机器在施工，问一工程负责人，说要建一个度假采摘区，还要修复周围的碉堡，这里搞度假，安静得让人窒息。问及我的来意，还交流分享了不少碉堡信息，互留了电话。

棋子山蘑菇残碉（2014 年 10 月 3 日摄）

棋子山残碉远眺（2014 年 10 月 3 日摄）

棋子山藏兵洞（2014 年 10 月 3 日摄）

太原旧城西北角

明朝初年，朱家在太原修筑了周长 24 里的城墙，1949 年在解放太原时，被炮火打得遍体鳞伤，有的地段已成断壁残垣。

有资料显示，太原旧城墙是 1951 年开始逐段拆除的，小北门内侧建有阎锡山遗留下的子弹库，接管子弹库的单位为了保证靶场打靶安全，向上级提交了保留该段城墙的请示，小北门和它西侧的近百米城墙因此得以保留。当时拆除城墙采取包干制，一个单位承包一段，1960 年，当拆除至城墙西北角时，

太原旧城墙西北角残碉（2013 年 12 月 22 日摄）

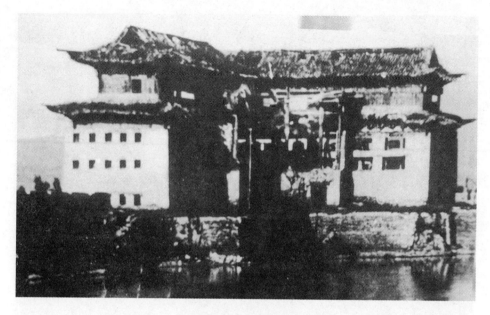

太原城墙西北角楼（资料）

正逢困难时期，拆除工程暂停，旧城墙西北角在最后时刻幸运地逃过了劫难。今天，小北门城墙和西北角城墙既是旧太原珍贵的历史文化遗存，又是亲历解放战争的实物见证，它们都已得到有效的保护。太原旧城墙西北角，就是保留至今原汁原味的阎军城防工事实物标本。

　　在龙潭公园游园、散步，稍一留意就会发现在公园西北角的一段三四十米的旧城墙，上面有由城墙改建的碉堡，城墙的包砖成片的脱落，有些地方甚至已经裸露出夯土，但是，斑驳的青砖和黑洞洞的机枪射口依然显示着它的冷酷与威严。从新建北路一处收购站大门进去，沿着荒草丛生的土坡，可以爬上城墙顶端，与城墙浑然一体的砖砌环型工事仍清晰可见，从城墙顶端东侧的豁口，可以深入城防工事的内部。顶层以下的工事，是掏挖城墙的夯土而成，每层工事之间，用钢筋混凝土预制板分隔，足有三层之多，虽然因为砖石淤塞而难以探究，在城墙底部一定挖有多条深不可测的地道通向城外或其他要点。

　　1949 年 4 月 24 日 5 时 30 分，解放军 1300 门大炮向太原城发出怒吼，顷刻间，固若金汤的城墙防线豁口洞开，成段坍塌，19 兵团一个军和晋中军

城墙碉堡内部结构（2013年12月22日摄）

区三个独立旅从西部，20兵团三个军从北部，如滚滚洪流直泻城内，西城守敌"坚贞师"第3团纷纷溃逃，缴械投降，师长郭熙春（原第9总队司令）也当了俘虏；西北城守敌83师一部被打的溃不成军，小部被歼大部被俘。

　　寻找小记： 现在的龙潭公园（原太原动物园）不知去过多少次，从来没有留意过公园西北角阎锡山的碉堡和明代城墙遗迹。可这两种"物件"已经分别存在了70多年和600多年。据说，围绕它们的"存亡"问题有过若干次的争论，不管怎样，它们还是跌跌撞撞生存下来了，虽然没有破坏，但也没有加固维修，一副自生自灭的样子。从最近四五年的情形看，周围商业蚕食严重，挤占这两座古建筑的地盘越来越小。多种资料显示，这一唯一幸存的城墙角碉，它下面的地道可通到城外，如果进行保护性开发，加固一段城墙、挖掘一截地道、对研究明代城墙、对探究阎锡山的防御设施、对留住太原记忆、对开发太原的人文旅游还是有很大的意义和价值。

青龙镇

　　青龙镇位于阳曲县侯村乡旧官道旁，现在的大运路（108 国道）一侧，当年阎军三大军用粮库之一的青龙镇粮库就建在这里，而且在交通要道上，战略地位不言而喻。1948 年 10 月 28 日，晋中军区独一旅强取青龙镇，阎军 71 师 213 团一部溃逃，一部投降。

　　寻找小记：青龙镇自古以来就是山西的军事重镇，至今还存有汉代烽火台、明代古堡、李自成屯兵寨和明清地道等军事设施。青龙镇南面的土塬是全镇的制高点，站在上面，整个青龙古镇一览无余，土塬上至今留有古代的

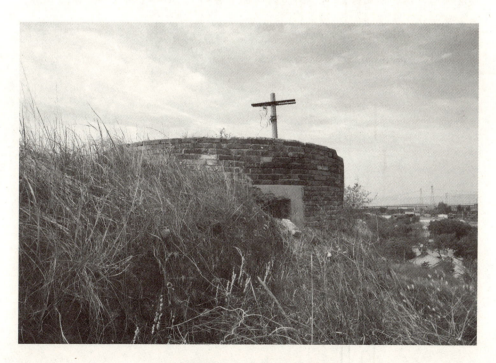

青龙镇简碉（2015 年 6 月 14 日摄）

青龙镇三角碉（2015 年 6 月 14 日摄）

兵寨围墙残垣，围墙旁边阎锡山建的砖碉（筒碉）、石碉（梅花碉）依然伫立，
成为景区的一个看点。

西关口

位于尖草坪区柏板乡西关口村。这里是太原古三关之一的天门关的出入口。天门关山高入云，地势险要，素有"东堡青龙西堡虎"之称，自古就是兵家必争之地。"寨子式筑城，据点式阵地"，把高峻的城堡用深而宽的外壕围起来，按地形和兵力需要，用一个或若干个寨子式筑城互为犄角。1940年，日本人在此利用明代留下的废弃堡寨，修筑了碉堡和外壕、铁丝网等野战工事，企图卡住天门关，即太原到晋西北的咽喉。日军在此驻有两个小队和一个伪军中队。

抗战胜利后，阎锡山又加固了这里的防御设施，增加了防守兵力。1947

西关口城堡工事（2015 年 5 月 31 日摄）

西关口人字碉（2015年5月31日摄）

年10月，吕梁军区第8军分区18支队，在支队长兰荣财的指挥下，集中3个连兵力袭击了西关口工兵204团2个连、保安团一个连和乡公所"民卫军"，击毙敌连长以下30余人，俘敌170人。

　　1948年12月2日，解放军7纵一部和晋中军区独一旅攻占了关口。

　　寻找小记：西关口和东关口是天门关南面的两个村，两个村因关得名。天门关是太原北到静乐等晋西北诸县的重要通道。2017年夏，有幸沿西康公路走了一趟凌井沟，这条沟号称有72景，景倒没有顾上好好欣赏，公路两旁的险峻群峰和猛转急弯的山道给人印象深刻。怪不得是太原著名的古三关之一，真是兵家必争之地！这个口子的军事价值太高了。从关口向南沿崎岖小路可达当地著名寺庙耄仁寺。这里还有靶场，到处有打靶射击危险区域警示牌。靶场向南爬坡就上了历代围寨式城堡（西堡），这是镇守天门关的屯兵寨。堡墙还基本残存，里面有一个半篮球场大，南堡门比较完整，周围是壕沟和碉堡，四周的碉堡有四五座之多。站在高处向北望去，天门关就是一个喇叭口，关口出入的车辆人畜尽在眼中。再向东看，东城堡也清晰在目，东西城堡各占一个山头，直线距离也就七八百米，中间是通往太原的公路，两寨对峙，火力交叉，是天然的军事要地。

天门关关口（2017 年 6 月 23 日摄）

西关口梅花碉（2016 年 2 月 27 日摄）

东关口

　　位于尖草坪区柏板乡。日军攻陷太原后，就在关口安营扎寨，修碉筑堡，并以重兵把守，卡住了晋西北通往太原的交通要道。在东关口的后山修筑了 3 座坚固碉堡，各碉堡之间有地道相通，并附有外壕、铁丝网和野战工事，形成一组坚硬的防御阵地，由日伪军四五百人驻守。

　　为了配合百团大战，我军工卫旅 21 团 3 营于 1940 年 8 月 27 日晚偷袭东关口，攻下了东关口一二号碉堡，主碉三号碉久攻不下，为避免被敌援兵包围，我军撤出战斗。这次袭击震动了太原守敌，鼓舞了敌占区人民群众的斗志。

东关口残碉（2016 年 2 月 27 日摄）

东关口城堡（2016 年 2 月 17 日摄）

　　寻找小记：东西关口村来过四五次，要把有价值的东西找全也难。东关村的东南方就是东城堡，城堡的完整度不如西城堡。在几本关于太原抗日战争和解放战争的书中提到东关口的三座碉堡及其战斗故事，按照书中描述的大概位置终于一一找到，三座碉堡的关系应该一主两辅，三号碉是主碉是指挥碉，占据制高点，建筑规模更大，现在还留有半截，其他两座只剩下不成形的残迹。站在三号碉往下看，东关口村就在脚下，天门关及出入关公路都在视野中。

上兰村制纸厂

上兰村制纸厂位于冽石山脚下，是汾河流向晋中平川的出口处。1937年太原沦陷后，日本占据了阎锡山1934年兴建的上兰村西北制纸厂，为保证制纸厂安全生产，日军在厂附近和周围的冽石山上修建了7座碉堡。

1940年9月下旬（农历八月十五），我军工卫旅21团3营9连从西山出发，隐蔽、迅速地摸进上兰村，驻上兰村百余名日伪军仓促应战，因摸不清底细，不敢出来，钻在炮楼里胡乱开枪放炮。我型9连在进行牵制性攻击的同时，还打掉了一个日军办的合作社，缴获了大量布匹、药品、食品等物资，天明前，带着大量战利品撤出上兰村。

太原沦陷以来，这是在敌人心脏的一次战斗，虽然杀伤不多，但影响很大，惊吓震动了城内的敌人，也鼓舞了我抗战军民的斗志。

1944年3月，驻在静乐县境内的八路军358旅的一个营潜入上兰村，隐蔽在造纸厂周围，在内线的配合下，化装成一小队从太原来换防的日本兵，走到厂区门口对话时被敌识破，立即打了起来。造纸厂有一小队日本兵和一个中队的伪军百余人把守。厂

上兰村护厂碉（2014年8月24日摄）

长（日本人）听到枪声感觉不妙，钻地道跑了，十几个日本人和百名伪军钻进碉堡，慌忙应战，当即被打死十几个。进攻的同时，一部分战士迅速打开仓库搬了武器、纸张等大量物品撤向山里。

1948年11月13日，东山四大要塞被我军攻占后，11月下旬，阎军逐步缩小防御范围，晋中军区独一旅先后占领苏村、关口，控制了上兰村造纸厂。当时，这个据点没有发生大的战斗。因此，造纸厂南围墙的两座碉堡基本完整。

寻找小记：上兰村北依中北大学，西临汾河出山口。这个地名最初给我的印象和记忆是和太原最早的造纸厂及全国兵工第一校——中北大学，前身是与太原机械学院联系在一起的。上兰村的两座碉堡是专门为护卫造纸厂而建，阎锡山和日本人统治太原期间，这是太原唯一大型造纸厂，它承载的任务和发挥的作用可想而知。现在，高污染的造纸厂早已废弃不用，在原厂址上正在兴建居民小区。小区规划时，开发商计划将碉堡拆掉，后经尖草坪区文物部门沟通，商家改变了原规划，将两座碉堡保留并进行了维修加固，使这些当年遗存继续讲述那段远逝的历史。

上兰村造纸厂护卫碉（2014年8月24日摄）

冽石山

　　冽石山位于尖草坪区上兰村西北，千里汾河从这里的峡谷中缓缓流向太原盆地，河谷口两边的山头上耸立着 4 座各形碉堡，南面 1 座，北面 3 座，

冽石山汾河出口封河碉（2014 年 8 月 24 日摄）

冽石山地堡（2016 年 7 月 10 日摄）

北面山脚下进山的铁道旁还有1 座护路碉。2014 年春，在上级文物部门的支持下，尖草坪区文物旅游局修复了冽石山上3 座碉堡和一处地下暗道，这是太原市首次修复战争遗址中的碉堡、暗道。

1948 年 11 月底我军 7 纵和晋中部队占领该地。

寻找小记：冽石山在中北大学的西北侧，现在是学校山地公园的一部分，也称二龙山。它的南面就是千里汾河吕梁山出口，山下还有窦大夫寺、赵戴文公馆（墓地）和太原古八景之一的冽石寒泉。冽石山山顶、山腰和山脚的 4 座碉堡还基本成型，从山顶一座地堡看，顶部是 20 世纪 60 年代末或 70 年代初加固的，上面的"反修防修"字迹清晰可见。站在山顶向南望去，对面山顶的碉堡也在目力范围，可谓两山锁一河，显然，这些碉堡是为封锁汾河出口准备的。

冽石山伏地碉（2016 年 7 月 10 日摄）

冽石山汾河南岸山头残碉（2014 年 8 月 24 日摄）

冽石山脚下铁路护卫碉（2014 年 8 月 24 日摄）

兰岗梁

兰岗梁蘑菇碉位于尖草坪区西墕乡西墕村和兰岗村。1937 年日本人攻陷太原后，为防守太原北线，在此修筑了 5 座碉堡。阎锡山回到太原后，又增建了 9 座，均为砖石混凝土浇筑。目前还遗存有两座蘑菇残碉。

1949 年 4 月 22 日下午 3 时，我军 20 兵团 68 军 203 师从向阳店北上，将

兰岗村蘑菇碉（2014 年 5 月 3 日摄）

兰岗村蘑菇碉地道入口（2014 年 5 月 3 日摄）

兰岗村蘑菇残碉（2013 年 12 月 1 日摄）

阎军 71 师 213 团包围，喊话劝降无效后，一举摧毁该团工事，仅用 3 个小时，便攻下了 213 团全部阵地，在兰岗村龙王庙活捉团长齐国勋。

　　寻找小记：不管到哪里寻找碉堡，首先遇到的问题就是问路，通过多次实践，我取得的真经是：至少问三人以上，否则得不到正确答案。在兰岗村北询问一位一家企业看门的师傅，对方很干脆地告诉我"这里没有碉堡"！根据我查找到的资料信息，感觉应该就在这里，又问了两个人，果然在距那家企业一百多米的山冈上找到碉堡，可以说近在咫尺。有的人对周围的事物很不留意，属于"吃粮不管闲事"那种，但在回答询问时还是十分肯定的语气，没有丝毫的迟疑和不确定。像这类咨询对象碰到的也不少，一开始误导了几次，后来慢慢就"精"了。

　　在兰岗村一带寻找到的碉堡大部分是蘑菇状，是阎军"蘑菇碉"的集中分布区。这里是相对起伏不大的丘陵地区，无岩无石，土质松软，便于挖掘地道，碉堡和碉堡之间都有地道相通。

郭家窑

位于尖草坪区郭家窑村。1949 年 4 月 21 日，在阎军第 33 军 71 师原师长韩春生、71 师参谋长孟壁和副师长尤世定的积极工作下，所属 211 团在副团长李景春和 212 团团长冯文亮的率领下，从郭家窑和陈家窑撤出阵地，开到阳曲湾阵前起义。同时，我 68 军 203 师直扑东张村 71 师师部，活捉师长张忠。起义前 71 师原师长韩春生在 4 个月时间里，先后与该师团长、营长、连长，甚至排长、班长、老战士分别谈话，做通工作，决定起义。

寻找小记： 郭家窑村北的几座砖碉就摆在平平的庄稼地里，一座较完好，其他几座只有基座和砖石水泥块，北面是深沟。毕竟是外行，对碉堡的这种布局真看不出子丑寅卯。寻碉数百座，什么情况都可能遇到。在郭家窑探问时，老乡说村北有好几座，但西面那座比较完整的碉堡千万不要进去，那里面是

郭家窑砖碉（2014 年 7 月 13 日摄）

郭家窑方碉（2014 年 7 月 13 日摄）

蛇窝。得此忠告，当然不敢造次，只是远远地绕碉一周，手忙脚乱照了几张照片便迅速撤退。

新城村

　　位于尖草坪区新城村。晋中战役结束后，1948年7月22日，蒋介石紧急飞赴太原，为苟延残喘的阎锡山打气鼓劲，为让阎死守太原，承诺了若干军事及其他援助。8月17日起，蒋介石将中央军第30师27旅和30旅1个团共1万余人从西安陆续空运到太原，后改为30军，军部设在新城村。为保护军部安全，在军部的西北部和西南部修筑了两座砖碉。1949年4月20日，在太原城外围战中，我军从汾河东岸直插西北炼钢厂，将此以北守敌切割包围，新城守军撤至城根和城内，此地没有发生激战，碉堡保存较为完整。

新城村砖碉（2014年7月13日摄）

　　黄樵松，河南省尉氏县人，西北军将领，1948年11月初，在太原酝酿起义时被部下戴炳南出卖押送南京，当月27日被害。（资料）

寻找小记：这个地方不难找，就在108国道北侧，一进村就能很顺利寻到两座比较完整的碉堡。新城村本身不太出名，关注太原解放战争的人们，对它一点也不陌生，因为它是起义未遂将领黄樵松30军军部所在地。这两座碉堡也是专门为保卫军部而建的。黄樵松是著名爱国将领，在抗日战争时期的娘子关和台儿庄保卫战中都立有赫赫战功，受到国人称赞。可惜，1948年11月初太原举义被部下27师师长戴炳南出卖而功亏一篑。起义失败后，戴炳南被阎提拔为30军军长。总攻太原的外围战打响后，他自知守城无望，又深知罪恶极大，1949年4月22日下午让部下谎称到前线指挥作战途中被炸身亡，并让妻子准备丧礼，自己悄悄藏匿在开化寺阴阳巷2号其妻姐家。太原解放后，他的卫士才供出他的下落，5月2日被我军管会擒拿，7月8日将其枪决。

新城村筒碉（2015年4月25日摄）。

戴炳南，山东即墨人，中央军30军27师师长。1948年11月初出卖军长黄樵松，破坏起义，被提升为30军军长。解放军公布的太原五名战犯之一。（资料）

黄寨

太原战役开始后，敌保安13团驻守黄寨。1948年11月1日，黄寨火车站守军一个连投诚后，晋中军区独一旅两个团由东南、西北两面向黄寨攻击，一个营由西南隐蔽插入村内包围敌指挥碉，分割敌人，内外攻击，加上攻心，激战一昼夜，2日上午9时攻克黄寨，歼敌保安13团、保警大队残部300余人。

寻找小记：图中的大砖碉就在今阳曲县政府所在地黄寨镇黄寨村中，它坐落在村里的土塬上，周围都是人家，不入私宅根本无法攀援，而能借道的人家常常关门闭户，去了三次也未能登塬上顶看看大砖碉的"尊容"，只能

黄寨大砖碉（2014年7月13日摄）

黄寨南铁路护卫碉（2014 年 3 月 15 日摄）

用长焦镜头看个大概。

石岭关

　　位于太原市阳曲县与忻州市忻府区交界处，是太原通往塞外大同、张家口的咽喉要道。阳曲县的石岭关、赤塘关和尖草坪区的天门关并称为太原古三关。北宋太宗皇帝赵光义最后一次攻打北汉都城晋阳时，就是在这里拦阻了契丹援兵才灭亡了北汉。自唐宋，甚至更早，这里就是屯兵把守的重要关隘。

　　明代初期，就开始筑土城戍守，明万历年间，改筑石城，当时关城方圆已有二里之多。现在，关城只剩下通南达北的中门和西面二三十米的城墙一角。城门上方仍残留着半截碉堡。据当地人讲，关城内的暗道可直通关外的碉堡。为守石岭关，阎锡山在此修筑了数十座钢筋水泥碉。我《晋绥日报》当时曾有这样的报道：为修石岭关碉堡，阎军在附近村庄大抓劳工，导致周围村民有地不能种，有粮无法收，多村出现饿死人的惨状。

石岭关护关碉（2014 年 5 月 1 日摄）

　　1938 年 2 月，太原失陷 3 个月后，为了迟滞日军的推进速度，一场破袭战在石岭关、赤塘关一线打响，总指挥是时任八路军 120 师师长贺龙。18 日至 24 日，358 旅、359 旅出其不意袭击火车，两次攻打平社车站，并一鼓作气击退忻县增援日军，占领关城镇、石岭关等地，成为太原会战后 120 师的

石岭关关城城门（2014 年 7 月 13 日报）

石岭关关城城墙（2014 年 7 月 13 日摄）

石岭关城门残碉（2014年7月13日摄）

又一次大规模作战。27日，日军从阳曲、忻县南北反攻，在河庄村日军和我等候多时的358旅716团（团长贺炳炎）接火，张宗逊旅长急调715团（团长王尚荣）也投入战斗。这是我军两位善打硬仗的"战神"，两团联手，激战两小时击溃了敌人。接着，日军发动了对晋西北的五路围攻，贺龙急率120

石岭关三角碉（2014年5月1日摄）

师转移到晋西北腹地，准备新的更大的的战斗。

　　1948年春，晋绥军区6分区12旅22团将石岭关守敌张福昌保安团包围，因地形对我军进攻十分不利，未能攻克该据点。

　　1948年7月19日，晋中战役接近尾声，陕甘宁警备2旅、晋绥军区12旅组成临时集团，在此以北地带设伏，截击从忻州南逃的43军暂编39师和保安16团，激战两天，我军8000人击溃敌人11000人，以少胜多，打了个漂亮的截击战。因守石岭关的保安团未听王靖国掩护暂39师南撤后再撤的命令就率先跑掉，这个关隘反成了阻止敌人撤退的卡口，副师长贾绍棠被击毙、行政专员朱理自杀，其余官兵大部被俘，师长刘鹏翔率200多名残兵沿铁道星夜逃回太原，他的妻子受伤后被俘，其状狼狈不堪。

　　寻找小记：石岭关是晋北进入太原的第一个关口，也是当年太原城的最北防线，距太原55公里。历史上无论是哪个政治势力和军事集团统治太原，这里必有重兵把守，这也是寻找碉堡的必去之处，我曾三次来访。108国道、208国道和大运高速都经过石岭关。山西广播电视台的信号塔就建在石岭关的最高处。旧关城位于国道西侧，城门洞和部分城墙依然健在，石岭关村就紧依在关城的南面。爱好寻古、旅游的人们常常在这里驻足怀旧。上了石岭关

石岭关城门残碉（2014年7月13日摄）

最高点，整个关口看得清清楚楚，关口以西以东都是连绵的群山，关城就建在瓶颈上，在古代真可谓一夫当关万夫莫开。站在高处就是无需望远镜，也基本能把守关的群碉看全，在逐个寻找时了然于胸。

阳曲村

　　阳曲村位于尖草坪区阳曲湾，旁边是出入太原的主要公路干线。阎军71师212团驻守阳曲村至郭家窑一线。4月21日整团起义。

　　寻找小记：去黄寨途中路过阳曲村，在村周围看了看，这个村北靠土塬，南临国道，高低不平，应该是修碉筑堡的理想地段，抱着试试看的想法问了问村里的老乡，说"村西北的土塬上还有几个，原来这一片有很多"。从村里循道爬上高地，在荒草丛中很快就找到一座，隔着深沟，西南面的高塬上

阳曲村残碉（2015年4月25日摄）

阳曲村残碉 (2015 年 4 月 25 日摄)

也瞭望到一座。这里是村庄的制高点，由此往下看，大运高速就在眼前。碉堡寻找的多了，慢慢也有了"眼力"，凭感觉也能奏效。

第四部分

城西碉堡

汾河铁路桥

　　太原火车站到白家庄的西山支线铁路筑成于 1934 年 9 月，全长 23.3 公里。1949 年 4 月 20 日，解放军第 7 军 19 师横扫敌"坚贞师"驻守汾河铁路桥西山支线的一个营，当进攻到桥头碉堡时，受到敌人的拼命抵抗，一位战士奋不顾身冲到碉堡火力死角下，把一颗手榴弹从射击孔塞了进去，战士们趁敌混乱，端了碉堡，牢牢地控制了这条重要交通线。

　　寻找小记：铁路是运输大动脉，保护铁路在战争时期更显得尤为重要，在这条能源专线上修建的碉堡应该不在少数。如果把沿线走完，寻找十座八座可能不是问题。第一次寻找时，以柴村为点，先从柴西路向北几经周折未果，转而又从和平北路向南，终于找到那条最早的西山铁路支线，才顺藤摸瓜寻见几座，最完整的一座在铁路北的果园里，果园的主人又在碉堡顶端垒了个瞭望台，还重装了门，成了看

西山铁路支线护桥碉（2014 年 2 月 10 日摄）

西山铁路支线护卫碉（2013 年 12 月 14 日摄）

护他果园的岗楼，给破旧的碉堡又赋予了新的使命。这座碉堡就在柴村桥往南的滨河西路西侧，在滨河西路驱车一眼就能看到，"走冤枉路"是家常便饭。

石千峰

　　石千峰位于太原城西 25 公里，海拔 1775 米，是太原群山中的第二高峰，是一个控制范围很广的制高点，战略位置十分重要。

　　1948 年 10 月 26 日，东山四大要塞攻坚战打响之后，阎军西山守备部队除工兵师和 66 师外，其他部队都调往东山作战。四大要塞被我军攻克后，11 月 26 日，晋中军区三个独立旅调往西山抢占高地，控制飞机场。独三旅从清源、交城、古交绕到石千峰，该地区的野战工事和碉堡已空无一人，独三旅进驻阵地后，敌 66 师、工兵师闻讯派两个团 2000 多人企图回夺。独三旅 43 团经过激烈战斗，石千峰寸土未失，牢牢掌握在我军手中。

石千峰残碉（2014 年 8 月 9 日摄）

石千峰残碉（2014年8月9日摄）

　　寻找小记：这次寻找又走了一次惊心动魄的"冤枉路"，没有什么可抱怨的，只因为事先信息不灵，咨询不清，"侦察"不明。从去石千峰的最近距离看，网上的信息没有错，只是太过难走，现在想起来都后怕。从西山河龙湾沿杜儿坪方向到桃花沟顺着狭窄坡陡的山道艰难西行，几次走的没了路，返回重走；几次爬上陡坡，惊出一身冷汗。一条只有一辆车宽的路，加上陡坡，一旦停车根本没法启动，一旦对面有车，根本无法错开。在这段令人惊悸的"蜀道"上行近两个小时，终于七拐八绕上了太原到古交的公路。

　　沿公路继续往西，在远处的山顶上看到建筑物，经询问得知那就是苦苦寻找的石千峰——太原城防最西面的制高点。在山顶上建着数间房屋和一个高高的瞭望塔，常年有林业部门工作人员执守，观察周围森林火情。观察站铁门紧闭，里面宏亮的狗吠声让人却步，终于没有近前去敲门。转眼西望，瞭见200米处就有一碉，沿山路向西走了一公里，又见一碉，再向北望，远处的山头上又看到五六座残碉。这里依然很难见到人烟。

　　返回途中，突然迎面跑来一条高个子、瘦身材、土黄色、似狼非狼、似

石千峰森林防火瞭望塔（2014年8月9日摄）

狗非狗的家伙，惊慌中下意识扫视路旁的石块、树枝之类，准备战斗，离这里最近的人也是在一公里以外的护林观察站内，远水解不了近渴。当时切实有点怕它，不料"那家伙"更怕我，真应了一句民间老话：黑地里的麻虎（狼）两家怕。它看到我后迅速拐到路边的树林里，一会儿不见了踪影。应该是只野狗！狼不会这么"客气"。惊魂稍定，加快脚步赶紧往停车的地方走，不时回头看看那家伙有没有尾追上来。连走带跑终于来到车前，正要开门上车时，发现左前胎一点气也没有了，又看看其他三个轮胎，还好。万幸啊！车上只有一条备胎，如果破上两胎，怎么下得了山，这里距太古公路至少还有一公里多，而且都是狭窄土路，有几个人能找到这荒山野岭施救？真是心中窃喜！换好备胎慢悠悠下了山，在西铭补了胎，此时已是下午两点多钟。回到家里，想了想今天的经历，真是一波三折，险象环生，留下永久的记忆。

一年后又得到"情报"，说石千峰森林防火观察站院里还有一座碉堡，上次因院内大犬狂吠不敢进入，一定要再去一趟。一个雨过天晴的上午，沿太古路左拐进入上石千峰的砂土路，刚走了一段就泥泞难行，怕陷入其中不能自拔就掉头撤退了。

庙前山

庙前山位于太原西南的群山峻岭中，地处清徐、古交、晋源、万柏林四县区的交界带，距太原35公里，海拔1865米，是太原的最高峰。

日本人占领时期，在庙前山就修筑了以碉堡为中心的坚固工事，1944年，晋绥8分区的部队曾经攻打过该据点，因内有暗堡、碉堡，外有壕沟、雷区，加之我军只有步枪、机枪、手榴弹等轻型武器，没有攻克。

庙前山残碉（2015年4月12日摄）

庙前山片石残碉（2015年4月12日摄）

日本人投降后，阎锡山在庙前山驻扎了一个营的兵力。1948年初，我吕梁军区22团担任攻击该据点的任务。一开始我军白天攻击，阎军居高临下，而且火力猛烈，我军伤亡过大，后来改为夜间作战，除打死打伤一部分敌人外，大部分被我军俘虏，夺取了这个制高点。

残堡远影（2015 年 4 月 12 日摄）

　　寻找小记：除了最北面的石岭关就数这西南面的庙前山距太原远了，而且这是太原周围山脉的最高峰。沿晋源区风峪沟去古交的公路向西，由于其他通往古交公路的修通，这条公路通行的车辆很少，也不怎么养护，一路上塌方、落石严重，走起来还有些提心吊胆。因为行人车辆少问人也不容易，也走了不少弯路。从这条公路左转进入上庙前山主峰的山路，七弯八拐终于登顶。这里有铁塔、房屋、人烟！在久不见人的群山里，看到这般景象，切实让人欣喜。这里是山西广播电视台的插转站，建有高大的信号塔，这里的工作人员还不止三个两个。站在铁塔下，经工作人员指点，在附近很快就找到两座碉堡，南面的山梁上还望见几座，只是荆棘等身，寸步难行，只好望碉兴叹。

　　来这里是乍暖还寒的初春，上了太原市的最高峰，真有高处不胜寒之感。"每上升一百米降温 0.6 度"的课本知识得到了充分的印证，站在山风劲吹的碉堡前，两手冻得瑟瑟发抖，相机都拿不稳当。

化客头

位于万柏林区化客头村。1948年11月26日，晋中军区部队进入西山地区作战，独三旅42团攻克了化客头以西的圪垛、店头等据点，29日，独二旅和独三旅发起攻击化客头战斗，一夜连克敌66师防守的7座碉堡，但未能攻取该要塞。1949年4月19日夜，化客头守军保安第10团放弃阵地向太原撤退。

寻找小记：化客头村就在太古公路北面的山沟里，在当地算是一个大村，是化客头乡乡政府所在地。进到村里空落落的，大多村民已搬迁到城边和城里，只有乡政府等办事机构还在坚守。为找这里的碉堡，在村子周围的山上转了大半圈，终于在村东面的山头上找到，有五六座之多，各碉堡之间有壕沟连通，

化客头残碉（2015年6月8日摄）

化客头方碉俯瞰（2015年6月8日摄）

有一段壕沟还清晰完整。这片山的最高处建有森林防火岗楼，冬春干燥季节还有人执勤。站在高处向东瞭望，太原城就在脚下，山梁东面的沟里就是太原狮头集团的水泥厂，前身就是阎锡山1934年建的西北洋灰厂。遥想解放太

山头上的森林防火瞭望塔（2016年7月10日摄）

原当年，双方拼死争夺化客头高地的答案就找到了。

化客头战壕（2016 年 7 月 10 日摄）

冶峪

　　冶峪位于太原晋阳湖西面的西山脚下，村西北的山头是太原城西南的一处制高点，可控制西北的红沟机场，也可扼守西南的入城通道，山脚下的太汾公路也在射程之内。

　　1948年深秋，吕梁军区15团攻打冶峪阎军明碉暗堡相结合的防御工事，群碉有百余名守军，我军仰攻，难度大，加之担任主攻的一个连的连长指挥不当，造成了不应有的损失，我军伤亡十几人，打死打伤阎军30多人，俘敌70余人。战斗结束后，我军恼怒的连长要枪毙敌连长，被指导员拦住。我军攻占冶峪阵地数日后，阎军为重新夺回，拼凑了一个团的兵力，在60门大炮和数架飞机的掩护下发起反扑，战斗打得天昏地暗，异常惨烈，我军付出重大牺牲后被迫弃守。

　　1948年12月25日至28日，我晋中军区部队独三旅榆次团再次攻占了由敌工兵师一个团驻守的冶峪高地。失守后，敌守军残部和铁干师（66师）一

冶峪观山残碉（2015年5月24日摄）

部、83师一个团在飞机的掩护下拼命反扑，一时间，巨石腾空，浓烟滚滚，我守军承受了巨大的压力，打得异常艰苦顽强，击溃了一波一波的冲锋。83师的机械化步兵团火力凶猛，特别是该团配备的火焰喷射器，给我军造成了极大的杀伤，战士被烧成焦黑，尸体根本无法辨认。一场大雪后，敌人又组织了30多人的敢死队，身穿白衣偷袭到我军阵地，我军英勇的战士和敌人展开了血拼肉搏的白刃战，场面异常惨烈，我军一名排长忍着一颗眼球挂在脸颊的巨大疼痛，仍带领三名战士与敌人搏杀。10天时间击退了敌人9次进攻，杀死杀伤敌人358人，完成了阻击任务，坚守主阵地的一个连被军区授予"冶峪战斗功臣连"称号。

　　寻找小记： 早听当地人说，当年的冶峪战斗如何激烈、碉堡工事如何坚固。一个夏天的下午终于上山找到了指挥碉。多少年来，除了上山搞绿化，几乎没有人登山，所以上山也就没有路，好在有一位村里的老人详细指点才沿引水上山浇树的管线爬上去。老人再三叮嘱：进了碉堡一定要从里面的暗道下到指挥室。那是最近几年才发现的，里面有十多平方米大，最好带个手电。钻到碉堡里，果然看到一个黑乎乎的洞口，时值夏天，阴森、潮湿的黑屋里，野狗、野猫、土獾之类不一定有，蛇、蝎、蜈蚣们不会没有，看了看，想了想，恐惧战胜了好奇，终于没敢深入到那神秘世界。站在碉堡位置，东面的晋阳湖、一电厂及山下的小区、村庄、道路尽在眼中。

蒙山寨

位于晋源区蒙山景区西南面的一座山顶上。

解放战争中，阎军在山顶上修筑了5座碉堡，控制扼守风峪沟，防止我军从西进攻。蒙山寨战斗史料很难查找，但据当地上了年纪的村民讲，发生在这一带的战斗也非常激烈，双方都伤亡惨重。还听人说，解放初期，这里曾是处决犯人的刑场。

蒙山寨残碉（2014年6月1日摄）

寻找小记：蒙山寨鼎鼎大名，早有耳闻。第一次寻访时，顾名思义是从蒙山景区入手的，因里面施工，又是封山又是挡路，又没"仙人"指引，折腾了一个上午无功而返。下到蒙山出口又仔细询问村民，说还可从晋源风峪沟的店头村上去。数月后沿店头村后的旅游公路上爬，约500米处停车，左

蒙山寨方碉（2014 年 6 月 1 日摄）

转沿土路曲曲弯弯上山，整整走了半个小时看到了第一座碉堡。向东看去，村镇、工厂、包括晋阳湖都在视野中。到了蒙山寨顶，是一片想象不到的"小平原"，足有三四个足球场大，视野开阔，适宜筑堡垒寨，这里曾经是五代时期北汉皇帝刘继元的避暑行宫，至今还有当年的莲花座、石槽等遗迹。

蒙山寨遗址（2014 年 6 月 1 日摄）

这里静得出奇。看过几座碉堡遗迹准备下山时，突然从树丛传出"呼哧呼哧"的声音，定睛一看，是一头土灰色野猪，把我吓出一身冷汗。野猪的凶猛早有耳闻，据说它长期生活在山林中，浑身沾满了松油和石子，可谓"刀枪不入"，再加上嘴巴巨大的咬合力，胳臂粗的松树都能"咔嚓"成两截，人的腿臂算得了什么！况且我是赤手空拳，这空寂的山上没有一点人的气息，不会有外援。好在它没有睬我，不紧不慢又钻到树丛中，没有要攻击的意思。听说野猪一般不主动招惹人，人若犯它，它必犯人！豺狼虎豹都惧它三分。我把紧张的情绪稍加整理，迅速离开了恐惧之地。几次遭遇险情，以后上山时我手里又多了一根防身木棍。

上水峪

上水峪位于尖草坪区柴村西南的群山中，是太原西北面的战略高地，1948年11月26日，晋中军区独一旅发起了这一区域的进攻。

寻找小记：从多种资料获悉，上水峪曾建有多处碉堡和屯兵洞。去了三次才好不容易找到一座地堡。近几年有商家在这里开发休闲娱乐和生态旅游项目，一些碉堡和工事遗存已被拆除，其踪迹再也难觅了。

上水峪简碉（2014年7月26日摄）

上水峪地堡（2014 年 7 月 26 日摄）

小卧龙

　　小卧龙村位于万柏林区化客头西面。1948 年 11 月下旬，晋中军区独二旅攻取小卧龙与化客头之间的碉堡。

　　寻找小记： 小卧龙村附近的山也是西山城郊森林公园的组成部分，近年来在山上搞了大量工程，铺设道路、植树种草、修亭建阁，把解放太原时遗留下的残碉进行了修整复原，成为公园爱国主义教育基地。成为市民周末和节假日郊游休闲的新去处。

小卧龙复原大筒碉（2014 年 8 月 9 日摄）

小卧龙复原大筒碉内部（2014年8月9日摄）

小卧龙复原碉（2014年8月9日摄）

黄沙岭

　　位于太原西山白家庄村附近，山势虽然不高，但战略地位十分重要，占了这个高地，等于从另一个角度控制了红沟机场，切断阎军后勤补给线。为此敌人把这里的防御工事构筑的密集而又坚固，最大碉堡筑在山顶上，视野开阔且能封锁四周。

　　1948年12月初，我晋中军区两个营轮番攻打，付出重大伤亡后占领了该高地。1949年1月19日，敌83师、66师、69师、工兵师所部1万余人，在飞机、坦克、装甲车的掩护下大举反扑黄沙岭等阵地，经过数场恶战，黄沙

黄沙岭简碉（2014年8月24日摄）

岭紧紧掌控在我军手中。发生在白家庄地区的黄沙岭战斗在整个解放太原的战局中意义重大。

　　寻找小记：上山寻找时，矿区的一位老师傅再三提示我，山头上的那个碉堡你千万不要进去，里面住满了黄土蜂，踩了蜂窝你就"摊上事了"。上山是一条很少有人行走的土路，距离下面大概是半个小时的山道。这座砖碉建在山头上，碉堡外围还有一条两三米深的壕沟，壕沟还保留着原来的模样，因为有黄蜂驻扎，不敢靠近"雷池"，在20米远的地方看了看便草草收兵。

太原西山红沟机场被我军击伤的飞机（资料）

白家庄

　　白家庄是太原向西进入陕西的重要通道，而且煤炭资源蕴藏丰富，战略
地位十分重要。

　　1937年，日军占领白家庄后，在此驻有一个小队和一个伪军中队，建有
钢筋水泥碉堡15座。日军侵占矿区后我晋绥八分区一直在该地区组织各种斗
争，使日军不得安宁。1943年2月，地下党联络了70名矿工深夜逃出封锁线
参加了晋绥八分区七支队。1945年2月28日夜，八分区一支队在地方武装和
内线的配合下，对白家庄据点进行偷袭，他们打掉了探照灯，切断了电源，
日军闻讯跑进了地道，经过3个小时激战，炸毁碉堡4座，捣毁伪警察署和
煤矿公司，俘虏日军10人，其中少佐1人，伪军80人，武器弹药若干和大
批粮食、军用品，使太原的炼钢厂和兵工厂中断燃料供应，震动了太原日军
大本营。这次袭击使日本人感到了西山地区的巨大威胁，不得不收缩兵力实

白家庄简碉（2014年8月2日摄）

白家庄筒碉（2014年8月2日摄）

行重点防御，先后撤掉了20多个据点。

　　1948年底，在解放太原战役中，我军攻打该据点时，在附近王家坟村的几个院子里，购买了数百具棺材，战士们战前宣誓，在棺材上写上自己的名字，矢志与敌人决一死战，在一场攻坚战中，晋中军区部队的一个连只剩下指导员一人。在攻打白家庄战斗中，阎军因防守不力，工兵师的一个团长和一个营长被枪毙。

　　1949年4月19日夜，晋中军区独2旅占领白家庄矿区。

　　寻找小记：白家庄各矿是当时太原最重要的能源基地，是太原诸工厂和军政机关的命门。仅在2号井附近就建有多座碉堡，这是阎锡山和日本人据守的重点区域。山根底有当年日本人的办公场所、营房和慰安所。从山脚山腰到山顶分层次都筑有各类碉堡和火力点，把矿区和西入太原的通道控制的严严实实。最下面的一座碉堡建于1947年，碉壁上刻有"清太徐 中华民国三十五年"字样。站在山腰和山顶的碉堡位置，山下的道路、矿井出入口及行人车辆一目了然，就如同看电子监控器的屏幕一样清晰。

日本人修建的白家庄兵营（2016 年 5 月 28 日摄）

黄坡

    在万柏林区神堂沟社区黄坡山上，遗存有一座"三瓣"梅花残碉，堡体外形由三个半圆连接而成，外为砖砌，内为钢筋水泥构筑。当年黄坡要地由阎69师一个营防守，我晋中军区部队负责攻取，战斗进行得非常胶着，阵地几次易手，争夺战中，穷凶极恶的敌人用陈纳德航空队的飞机给我阵地投放了汽油弹（汽油弹在当时非常稀缺，这是阎锡山费了很大劲搞到的唯一一颗），把黄坡山烧成了火焰山，给我军造成了很大伤亡。1949年4月20日，该阵地被我军攻克。

    寻找小记：义井往西的烈士陵园就在西山脚下，陵园掩埋着407位解放太原时在西山牺牲的革命烈士。陵园由黄坡公墓和合作公墓（慈福园）两部

黄坡复原梅花碉（2014年5月17日摄）

分组成。由此再往西就是西山城郊森林公园（万柏林万亩生态园）。经过几年的建设，这座城郊森林公园满山葱绿，规模初具，修有旅游公路、采摘园、农家乐、登山步道、健身场地、观景台和多座亭台楼阁，特别是建筑宏大的启春阁是整个山地公园的最高点，登阁东望，龙城太原尽收眼底。随着景区休闲旅游功能也不断完善，现在已将山上的多座半截碉堡修复，成为公园革命教育的一个看点。

西铭（洋灰厂）

  1934 年 9 月，隶属于西北实业公司的西北洋灰厂在西铭建成，这是山西最早的水泥厂。当时生产的"狮头"牌水泥远销西安、郑州、包头、保定等地。这个牌子的水泥现在还在生产，而且还是上乘品牌，是太原本地和全国部分地区建筑和家装的首选产品。这座三层大砖碉是日本人侵占太原后专门为保护水泥厂而建的，距水泥厂大门仅有六七十米。日军侵占后编为"军管理山西第 32 工厂"，1942 年更名为山西产业株式会社西山洋灰厂，解放后，1951年更名为太原水泥厂，1997 年改制为太原狮头集团公司。

  1948 年夏，吕梁军区 15 团攻克了西铭（水泥厂），不久，激战一天一夜后又被敌 70 师 209 团和工兵团夺回，后由敌 66 师一个团驻守。1949 年 4 月20 日 21 时，我 19 兵团 64 军 191 师占领西铭。

西北洋灰厂厂门（资料）

西铭原洋灰厂护厂碉（2014 年 8 月 9 日摄）

　　寻找小记：由太原开车或乘车去古交走旧公路，稍一留意在西铭就会发现这座太原最大的三层砖碉，看周围环境它是被保护起来了，它没有经过补修加固，外部稍有破损，建筑结构基本完整，还是原汁原味的旧模样。碉堡门朝北，安有铁门，里面堆放着杂物，看样子是当库房用着。内有楼梯通往上面，当年由一个排驻守。

图为在原西北洋灰厂基础上发展到今天的太原狮头集团公司。20 世纪
30 年代创名的"狮头"牌水泥还在生产。（2018 年 4 月 15 日摄）

桑树坡

位于尖草坪区柴村西南。1937年日本攻陷太原后，为防守西山一线，在桑树坡村外修筑了7座碉堡。后来，阎锡山又进行了维修加固，碉与碉之间用堑壕连接，均为山石混凝土砌筑而成。1949年4月19日，解放军第1野战军7军19师（原晋绥军区7纵10旅）一举拿下呼延、摄乐一线，驻守桑树坡的阎"坚贞师"第3团不敢恋战，翌日取道圪㴖沟逃回太原城。这里没有发生激烈战斗，碉堡比较完整。

寻找小记：这是太原西北群山非常重要的高地，这里的防御工事诡秘坚固，这里的碉堡也出乎寻常的难找。前两次来没有丝毫收获，连有价值的线索都未掌握。因为这里的村几乎空了，山上、山腰偶然有鸡场或其他小工地，

桑树坡筒碉（2014年7月26日摄）

也都是外地人在做，一问三不知，本地人很稀缺。第三次去终于"逮"住了个当地人，他非常热情，放下手中的活儿，领我转了几座山头，耗费了差不多一上午时间，找到 5 座碉堡，其中的一座异型碉，他也是第一次见到。找这座碉堡费了很大的劲，山头上根本没路，而且坡陡路滑布满荆棘，手上臂

桑树坡碉堡群残碉（2014 年 7 月 26 日摄）

桑树坡异型碉（2014 年 7 月 26 日摄）

上都是血色划痕。真让这位老乡受苦了。转完把这位向导送回家，他和他爱人热诚挽留在家里吃饭，我再三道谢。临走还给我带了矿泉水和山杏干，并邀秋天再来采摘山果。这山里的好人让我一辈子也不能忘怀。

桑树坡圆碉（2014年7月26日摄）

桑树坡残碉（2014年7月26日摄）

赵家山

位于晋源区晋源街道办事处。1948年11月26日，攻克西山各据点的战斗打响，经过5天激战，晋中军区部队3个独立旅进攻受挫，未能达到预期目的。12月1日，太原前指速调东山的13纵37旅、38旅西渡汾河进山作战。4日，38旅占领了赵家山及聂家山以南高地，兵团野炮进入赵家山、高家河阵地，直接控制了红沟机场和万柏林、三给空投点。在攻克赵家山阵地的战斗中，敌工兵师的一个团长葬身赵家山西侧山沟。我军在战斗中也付出了较大的代价，几百具战士遗体都放到了赵家山南的周家庄村，据村里上了年纪的人讲，解放军作战敢打敢拼，伤亡也很大。

寻找小记：这是群山深处的小山村，前几年已经举村搬迁到晋源新城附近，村里基本没有人烟。第一次从风峪沟去，有人说路太难走，也不好找；

赵家山十字碉（2016年4月10日摄）

赵家山残碉（2016 年 4 月 10 日摄）

第二次从开化沟去，当地人说，这里的路早堵了，村里也没人了你去干什么么？见不到赵家山总是心有不甘。第三次从白家庄西面的狼坡口问清了位置，但那位正在路口森林防火执勤的矿务局师傅说，这样告你你也寻不见，山上叉道太多。我赶紧说，麻烦你带我去吧，我给你点的辛苦费。师傅答应了，开上车翻山越岭足足走了 40 分钟才到了一座碉堡附近。他指着山头说，这上面有一个，赵家山就在不远处。爬山也根本没有路，只能在荆棘丛生的山坡上艰难行进，来到碉堡前脸上手上已是伤痕累累。碉堡周围全是刺人的灌木，拍照都很困难。这里切实是个战略高地，站在残碉上，汾河和南中环桥都能看得清清楚楚。这里不是一般的难找，没有那位师傅引路，即使碉堡近在咫尺，也无法得见。

高家河

　　高家河是白家庄南侧的一道山涧，日本侵占矿山后，这里成了堆积中国矿工尸体的"万人坑"。矿难和压榨致死的矿工全部被扔到山涧里，有些病重和丧失劳动力的矿工也被当成死人强行扔到沟里，在拖拽中，身体虚弱的矿工还在凄惨哀求："我还没有死，病好了还能上班"！1945年春，矿区蔓延了传染病，日本人命矿警从附近抓了50个民夫在沟里一层木料一层尸体堆了十几个火堆，焚烧尸体的熊熊大火足足烧了半个月。真是"昔日高家河，水少尸体多，狼狗乌鸦闹，血雨腥风满山飘"。

　　建在高家河山头和山梁上的碉堡可直接控制东面的红沟机场，白家庄矿

高家河修复前"人"字形碉（2014年8月2日摄）

区和出入西山的通道也都在视野中，战略地位无须多说。红沟机场是武宿机场被我军占领后阎锡山和外界联系的最主要的空中通道，为早日切断阎锡山的空中补给，拿下这座华北要塞城，1948年12月3日，解放军13纵38旅，配合晋中军区部队独2旅51团攻占了高家河阵地，并构筑炮兵阵地，炮火基本控制了红沟、三给、万柏林机场和空投点，切断赵家山之敌退路。红沟机场因有大山梁遮蔽，炮火不能完全封锁，但从此敌机已不敢像平时那样肆无忌惮随便起降，只能小心翼翼在晨晚偷飞偷降或空投物资了。

　　寻找小记：距白家庄2号井很近，站在高家河高地，矿区的一举一动都在眼里，这个位置正好处在西面的狼坡和东面的红沟机场之间，成了双方拼死争夺的要害。第一次去时从北面白家庄沟上山，最低山头上碉堡还是战争结束后的原模样；时隔一年多后，再次寻访时是从南面的万柏林万亩生态园上去，旧碉堡已经穿上了新衣服，可能是把这道山梁也纳入生态园建设范围，这样修整的好处是将它加固保护起来不会自然消亡了，但过度修复补建，它

1948年冬，我军在高家河构筑炮兵阵地。（资料）

高家河修复碉（2016 年 1 月 10 日摄）

的本来面目一点也看不到了，失去了历史感和硝烟感。事情往往是这样，过犹不及。

红沙梁

　　红沙梁是太原西山大虎峪附近的一个高地。该地区坡陡沟深，山体岩石呈深红色，山上山腰寸草不生，爬几步就会滑下来。站在山顶上，向东南俯瞰，被阎军视为生命的红沟机场尽收眼底，是守敌拼命固守的要害所在，可谓居高临下，易守难攻。晋中军区独3旅的42团、43团接受了这个艰苦卓绝的攻坚战。对手是阎军66师的一个团和中央军精锐83旅一个营。

　　1948年11月29日，42团开始攻打红沙梁，战斗进行的异常艰难，伤亡非常严重。据当年主攻红沙梁的42团副政委曹建纯老人回忆："这是一场无后方供应的战斗，我们和其他部队一样，4天4夜吃不上喝不上。每晚后半夜，我们还要去阵地前沿拉烈士的尸体，山坡山坳的尸体太多了，人又不能站立（防

红沙梁残碉（2016年2月28日摄）

敌炮火杀伤），只能匍匐爬行往回拉。那些尸体大部分被83旅的火焰喷射器烧成炭黑，面目全非，根本无法辨认，集中在石千峰下的一块洼地埋了。4天时间，先后掩埋了500多具烈士遗体。"

当年独3旅司令部通讯参谋郝乃曾回忆说："42团红沙梁战斗是3个营轮流打的，一连打了4天4夜，1营、3营伤亡过半，2营几乎被打光了。红沙梁实际上是打了一场败仗。全团从红沙梁战场撤下来后，也就剩下500余人了。"当年独3旅的组织干事王景云老人回忆说："红沙梁战斗下来，不少连队打得只剩下连长、指导员和炊事员了。"鉴于42团、43团伤亡过大，12月5日晚，独3旅奉命撤到了太原县古城营村休整。

红沙梁作战的部队主要是晋中军区的独立第3旅。晋中军区部队是一支组建于1948年8月的地方武装，共辖3个独立旅，18000多人，四分之一是解放战士，装备差，缺乏重武器和通信器材，游击习气明显，战术素养较低，在解放太原中主要是配合主力部队作战。1948年11月中旬东山四大要点被我军攻克后，下旬转进到西山独立作战。红沙梁作战的失利，究其原因就是前一段太原外围作战取得较大进展，部队上下存在着骄傲情绪，认为西山敌人也一样，没有那么难打，未对西山敌情做很好的侦察和战前周密细致的部署，而一味凭经验猛打猛冲，勇敢有余，战术不足，结果造成很大伤亡。其次，未能切断西铭中央军83旅增援的路线，致使该旅一个营的火焰喷射器对我军造成很大威胁和杀伤。继独3旅红沙梁高地战斗失利后，独1旅4团的杜儿坪攻坚战也相继受挫。到12月5日止，独3旅和其他部队历时9天的西山作战，攻占了店头、圪垛等据点，攻克了化客头、红沙梁的碉堡20余座，歼敌1000余人，但我军也付出很大代价，元气损伤，前委（兵团）即令晋中军区部队结束攻击作战，转入休整和西山防御作战。

寻找小记：多种资料显示，红沙梁战斗我军付出的代价大，收获的战果小，是整个西山诸战中的一个败仗。怎样的地形、怎样的坚固防御致使那次战斗失利？一个雨后放晴的下午，驱车前往杜儿坪沟的大虎峪村附近，问明位置后就径直上山了。半山腰的一个小平地上建着一个荷兰式的大风车，似乎是一个小景点。但由此再往上走就没有了路，而且杂草和树木纠缠在一起，无法前进，无奈悻悻下山。返到大虎峪村里碰到一位老人，我把上山寻碉的情况说了一下，老人打量了我一番：就你一个人？我说是。一个人可不能上去！
他给我说了个一二三：刚下了雨，蛇呀蝎呀都出来晒太阳，这山上有一种叫"草
上飞"的毒蛇特别厉害，被它咬上可就麻烦了；这几年生态好了，野猪、土豹、
土獾也常有人见到过；那几年私挖乱采的废井多，不小心掉进去没人知道。
你再上去一定得跟上人。老人的三句话把我吓出一身冷汗。真是无知者无畏！
知道了这些，借我两个胆也不敢在错误季节、错误的时间独闯红沙梁了。见
不到红沙梁真面目总不想善罢甘休。第二年初春，又询问了多人，另辟蹊径
从另一个方向攀上了红沙梁。红沙梁名副其实，山腰、山顶都是发红的岩石、
沙粒，这是这一带特有的地貌，而且沟连沟山连山，沟山相间错综复杂。一
路上依然没有人烟，无人指路，上了最高处，只能凭感觉一座山头一座山头
寻找，终于峰回路转找到一座残碉，站在碉堡的断壁上，东面的太原城、东
南的红沟（机场遗址）尽在眼中。这里曾经是被炮火烧红的山梁，数千名解
放军战士长眠于此。

西张村

　　位于尖草坪区柴村街道办事处。东山四大要塞被解放军攻克后，阎军第8、第9总队除伤亡、起义的外，剩下的残兵败将已难成建制，无奈，阎被迫取消了两个总队的番号，又将第8、第9总队的残部和榆次县保安团组成了"坚贞师"，阎视为这支部队是忠贞不二的"精英"。1948年12月5日，"坚贞师"在五龙口举行了成立大会，驻防在郝庄、郝家沟、伞儿树一带。

　　四大要塞的战斗结束后，中央从全国大局出发，要求围攻太原城的解放军暂停攻击，对阎军由军事进攻转入政治攻势。我军在攻打东山时，杨诚已经"工作"过来500多人。由于杨诚等人不断喊话、不懈争取，搞得坚贞师师长郭熙春心烦意乱，气得直骂杨诚："不怕跟上鬼，就怕鬼跟上，叫杨诚

西张村三角碉（2016年2月27日摄）

就闹得我心神不安了"。要求把部队调往太原西北远离杨诚。后来，阎将河西的 70 师和"坚贞师"对调，将"坚贞师"调防在河西的摄乐、西张村、土堂一带，2 团团部驻在西张村。杨诚得知后又尾追到河西。1949 年 4 月 18 日夜，我 1 野 7 军 19 师将张冠群的 2 团包围，2 团的一部分人是杨诚的间接下级，经过多方工作，做通了团长张冠群的工作，于 19 日凌晨率 700 多人投诚。

　　寻找小记：几经查询走访，这一带的碉堡遗迹已经很少。因为太原外围战中，这里曾出过政治进攻的成果——阎军"坚贞师"的一个团向我军投诚，影响动摇了河西守军的军心。找到当年的工事、碉堡或者营房的一点点遗迹都觉得很有意义。原来想的要有可能是村里或村西的山脚下，不料却在村东二三里平平的庄稼地里见到残碉，为什么建在这里，这是军事防御上专业布局，我这"老外"是不会明白的。

秋沟

　　位于西山官地矿附近。东临峡谷，西靠深沟，山势狭长而险峻，控制着太原与外界重要空中联系的红沟机场。敌人在从南到北的四个山头建立了既能独立作战，又能相互支援的防守阵地。1948年12月3日到5日，解放军13纵37、38旅先后攻占了高家河、赵家山、秋沟阵地，并在高家河和秋沟构筑炮兵阵地，对红沟机场实施火力控制。1949年1月20日，敌69师、工兵师、机枪总队为夺回这些要害阵地实施全面反扑，我晋中军区防守部队经过浴血奋战，在付出重大伤亡后，秋沟还是落入敌手。25日，37旅再次奉命渡河，

秋沟"人"字碉（2014年7月24日摄）

第二天夺回秋沟阵地,打退了1000余敌人的拼命反扑,保障了我炮兵阵地安全。

　　寻找小记:在白家庄、官地沟里寻找秋沟也是颇费周折,好多人不知道这个地名,它就在官地矿北面的山上。上了山也是两眼茫茫,不是山就是沟,还有似有似无的弯弯山路,这里照样见不到可以指路的人。凭感觉奔波了几座山头还是一无所获。继续下山问人,意见高度不统一,四个人说有,三个人说无。把无当成有来做。这里基本还是原生态,人为的痕迹很少。这么致命的炮阵地,双方不惜血本的争夺对象,我想碉堡总会有的。拿定主意上山再找,又是一番爬上翻下,在一个相对隐蔽的地方终于找到一座。这是一个制高点,站在上边才能体会到它的重要。

狼坡山

　　狼坡山在太原白家庄的西面，与古交相连，是太原西出陕西、内蒙古的重要通道，控制着出入太原的门户，阎锡山曾拟太原失守时由此向西撤向绥远。在这里，阎调集重兵把守。1948年冬，独2旅49团接替了独1旅3团攻打狼坡山。49团是一支能征惯战的队伍（原是晋绥8分区第15团，1949年2月改称华北军区独5旅13团），进入阵地时见到的是满山的尸体，连向49团移交的人都没有了。随后和敌人展开了几轮拉锯战，战斗异常残酷，我军在付出巨大牺牲后，最终夺取了阵地，敌除一少部逃跑外，大部分被歼灭或俘虏。

　　1949年1月19日，阎动用4个师番号万余兵力反扑，经过4天4夜激战，

狼坡山残碉（2014年7月26日摄）

独2旅、3旅付出了1000余人的伤亡代价,牢牢地控制了阵地,并歼敌2500人。从此,狼坡山再没有发生过大规模战斗,敌我防区远者1000余米,近者只有100多米,对峙到4月19日太原城外"清扫战"开始。

　　寻找小记:在翻阅的解放太原西山战事的资料中,狼坡山出现的频率很高,因为这里的拉锯战太惨烈了。狼坡,顾名思义曾是西山狼出没和栖息的地方,在半山上曾有个几户人家的狼坡村,现在只留下两间无人居住的窑洞和一棵老槐树。随着近年来西山城郊森林公园的建设,这里已经建成一处集吃住、登高、休闲、观光和森林浴为一体的景区了。

桃杏村

　　位于万柏林区白家庄街道办事处。这里两山对立，中间是一条狭窄通道，是太原到白家庄、官地矿区的隘口，也是西去古交、陕西的一条重要路径。1949年4月20日，解放军攻城前的外围战打响，21日，解放军19兵团64军192师一举端掉了小王村阎军西区指挥部，封锁了洋灰桥（汾河桥），断了敌人回城归路，驻守在桃杏村一带的工兵师两个团及西山地区的83师一个团、66师一个团、"坚贞师"一个团此时已完全被隔离在汾河以西。担任这些不同番号部队的总指挥是阎军工兵师代理师长号称阎门虎将的王同海。这时，已经投到我军阵营他的一名部下和69师副师长都给他写信，劝他放下

桃杏村地堡（2016年7月17日摄）

桃杏村地堡（20世纪60年代"反修防修"时建。2016年5月28日摄）

武器，立功赎罪，可他却黑着脸喊："我要当俘虏"。并把两人的信派人送到绥署以表忠心。在他率部 1000 余人溃逃到离汾河桥只有一二里时，被 64 军"包了饺子"，王同海也真的当了俘虏，除 83 师一个团的部分残兵挣脱

桃杏村地堡（2016年7月17日摄）

连接各地堡的地道（2016 年 5 月 28 日摄）

包围西逃外（这是解放太原战役中唯一逃掉的溃兵），其余官兵或死或伤或被俘。

　　寻找小记：这个村处在太原去白家庄等矿的通道卡口上，当年，周围山上布满了各式碉堡，有远的有近的，但真正找起来太难，好不容易问清了村南山上的一座大碉，求助了三四个村民，并答应带路支付酬金，但都说那里是采空塌陷区，又没有路又危险，直言谢绝。无奈，又到村北的山上搜寻，因无人指路，还是没有结果。好在在村东北的小山丘上找到了三座暗堡，据附近的住户讲，其中一座是 20 世纪 60 年代"反修防修"时建的，这些暗堡一大半都嵌在土山里，外面只能看到三分之一的堡体和射击孔，非常隐蔽，而且暗堡之间都有深邃的地道相通，这些暗堡是封锁太原到西山煤矿公路的火点，西面山上一定也有相对应的交叉火力暗堡，只是没有找到（应该是毁坏了）。

圪撩沟

位于万柏林区东社街道办事处。太原城东北要塞风格梁被解放军占领后，光社机场已在我军的炮火控制下，飞机起降受到严重威胁。阎锡山决定在河西的圪撩沟重修一座小型机场。1948年12月，在圪撩沟开始紧张施工，将机场跑道拐弯伸到山沟中，飞机降落后，即沿跑道转到沟内隐蔽，起飞时从山沟转入跑道升空。这是太原解放前最后一座能起降飞机的机场。1949年3月28日，阎锡山接到代总统李宗仁要他去南京议事的电报后，29日下午4时许，从圪撩沟简易机场飞离了太原，再也没有回来。飞机刚起飞，解放军从东山打来的几发炮弹就在机场附近爆炸，阎锡山差点走不成。4月中旬，阎锡山的生活副官孔庆祥乘一架运输机飞回来送军饷和药品，当孔副官到太原绥署取上阎锡山的礼服赶到圪撩沟机场时，飞机已在炮声中丢下他飞走了，这位副官只好做了解放军的俘虏。

在圪撩沟村西的几座山头上建有数座碉堡，由阎军"坚贞师"3团驻守。1949年4月20日，解放军7军19师由北向南横扫过来，碉堡守军纷纷溃逃。近年来，政府把山上的半截残碉修复，辟为

圪撩沟村西玉泉山复原筒碉（2016年2月27日摄）

1949 年 3 月 29 日下午 4 时，阎锡山接代总统李宗仁电报，从圪潦沟机场乘机赴南京议事，永远离开了山西。省府代主席梁化之和阎锡山堂妹阎慧卿到机场送行。（资料）

观赏樱花的玉泉山城郊公园。

寻找小记： 在太原市，圪潦沟是一个信奉天主教闻名的村庄，一进村从村民街门门额的"天主赐福""主赐隆恩"等字迹上就能浓浓地感受到。关于这个村存有战时或备战挖的地道和修筑的地堡信息早有耳闻。20 世纪 60 年代"反修防修"时建的地堡、地道及几个出入口现在还比较完好。阎锡山当

圪潦沟飞机场伸向山沟的跑道旧址。（2016 年 2 月 27 日摄）

圪潦沟村西山上复原筒碉（2016年2月27日摄）

年在太原用的最后一座机场已经踪影皆无，在村北只留下跑道旧址。圪潦沟
村西就是玉泉山，山上曾经建有多座碉堡，现在随着西山城郊森林公园玉泉
山樱花园的建设，山上的4座碉堡已经修复，作为一个景点供游人忆往昔，
铭历史。

20世纪60年代末，圪潦沟村北修的"防苏"地堡。（2013年12月13日摄）

九院

　　地处太原西山白家庄附近，是守卫西山矿区和东入太原通道上的重要守护点。1949 年 4 月 20 日，解放军扫除太原城外据点的歼灭战打响，19 兵团 64 军大胆切入，一举斩首，端掉了小王村阎军太原西区总指挥部，封锁了敌人向城内溃逃的桥梁道路，西区总指挥、61 军军长赵恭乘坐吉普车在刚逃过汾河桥准备进城时，被我军炮火毙命。切断归路的阎军残兵败将，惊恐万状，乱作一团，纷纷放下武器。此处碉堡未发生激战，保留较好。

九院简碉（2016 年 1 月 10 日摄）

　　寻找小记：这座碉堡上头是铁路下边是公路，扼守运煤两路，它的作用一看就明白。据当地人讲，这座碉堡在 20 世纪五六十年代曾"接待"过矿区外地来的流浪人（家），安上简易门就是他（她）们的家，遮风避雨，御寒避暑，也解决了一时之难。

聂家山

　　位于万柏林区西山生态园，是太原西部的战略高地，这里地形复杂，工事坚固，最重要的是这里曾是阎军弹药库。阎军工兵师2团驻守。为争夺该高地，双方进行了三次激战，阎军排长黄炳根是阎军中敢打硬仗的"好汉"，率一个排占据主碉防守，大战一夜后，与碉堡同归于尽。因主阵地失守，该团的一个营长被枪毙。1949年4月21日被晋中军区独1旅（后编为华北军区独4旅）攻占。阎军溃逃该高地时，工兵师代师长王同海下令将这里的弹药库炸毁。

　　寻找小记：聂家山是一个不显眼的小山村，但在解放太原的西山战斗中屡屡被提及，它是一个重要军事据点，更是一个弹药供应基地。寻找时也费了不少力气。它位于西山城郊森林公园内，这个村现在已是人去村空，战争的遗迹在一天天消失，取而代之的是山地公园的持续建设。

聂家山残碉（2014年7月26日摄）

玉门沟车站

　　位于万柏林区南寨附近。建于1934年，距太原站23公里，是西山铁路支线的主要车站。白家庄等矿的煤炭和西北洋灰厂的水泥都是通过这个车站运到城里和太原北面厂区。阎日统治太原期间，这个车站一直受到重点保护，车站周围建有大小碉堡10多座。1949年4月20日，解放军第7军19师横扫敌"坚贞师"驻守的汾河铁路桥西山支线桥头堡后，这条工业血脉被彻底切断。随即，玉门沟车站也失去战略价值。当晚21时，我19兵团64军191师占领西铭和洋灰厂，车站守敌迅速弃守溃逃。

　　寻找小记：寻找太原碉堡的第六个年头，在网络上又得到重要"情报"，

玉门沟车站"人"字形碉（2018年4月15日摄）

有人发现在河西玉门沟车站附近有碉堡遗存，第二天赶紧驱车前往。从西铭东行穿过风声河村进入城中村改造区，道路狭窄障碍重重，好不容易走到车站近一里处，仅能对开车的土路也被施工方挖断，只能弃车步行，越过壕沟，爬过铁路线才找到这座小站。这座车站现在还在使用，主要运输货物。车站西面和南面都是小山丘，铁路转弯处和山腰、山头，当年都建有护站高低碉堡，据车站工作人员讲，车站附近的一座小炮楼前年刚刚拆除，车站西南还有一座半截残碉。到玉门沟车站应该还有"正路"可走，这次估计又走弯路了。去一个陌生的地方，费点周折也属正常。

第五部分

相关延伸

最初的中国碉堡

碉堡这个战争的防御性设施，究竟什么时候用于战争，眼下还没有找到准确资料，但在中国战场的第一次大规模运用是在20世纪的30年代初。1928年毛泽东、朱德会师井冈山后，以此为根据地，迅速向周围发展，大有燎原之势，以朱培德为首的国民党江西地方势力，因军事上多次"进剿"红军不利，效法李鸿章当年剿灭捻军之深沟高垒战术，在赣西、赣南等地修碉筑堡，对根据地进行封锁。这应该是小规模碉堡在中国战争中的最初应用。

1929年秋，湖南省主席鲁涤平接替朱培德，调任江西省主席，率其所属的湘军第18师和第50师入赣。不久，蒋介石因忙于同李宗仁、张发奎的新军阀混战，逐次从江西抽调兵力，江西仅剩下张辉瓒率领的第18师2个旅的正规部队。苦于兵力不足的鲁涤平，只得在南昌召开全省"清剿"会议，商讨剿共方略。与会的多数人认为：国民党在赣兵力有限，红军力量正在普遍发展，因而主张以防御为主，相机逐步"进剿"。曾多次参加井冈山"进剿"的原朱培德部属第12师师长金汉鼎提出"建碉守卡"的办法，主张通过建碉守卡，巩固"进剿"部队的阵地，并进而逐步压缩苏区，最后消灭红军和革命根据地。

当时，此建议未被蒋介石采纳。

国民党第一次"围剿"红军失败后，军政部长何应钦取代鲁涤平，主持对中央苏区的第二次"围剿"。何应钦一上任，第18师第52旅旅长戴岳又不失时机再提碉堡战术，并写成《对于剿匪清乡的一点贡献》意见书，书中认为，红军非历史上的流寇和一般封建军阀部队，是同广大工农群众有着密切联系的武装力量，敦促国民党军在战略上取攻势，战术上取守势。重点强调用碉堡战术"以静制动，步步为营，稳扎稳打"，以达到逐步缩小苏区，最终消灭苏区的目的。

用碉堡战术"剿灭"红军的建议还是没得到蒋介石首肯。

1933年初，蒋介石聘请德国将军塞克特为军事顾问，帮助制订新的军事计划。塞克特苦心研究前几次"围剿"失败的教训，得出国民党军队应尽量避免与红军野战，用碉堡战术进攻红军的结论。塞克特认为：中央苏区方圆不过500里，只要坚持修碉筑垒，逐步推进，即使一天只向前推进一两里，不到一年也就可以解决问题了。因此，他建议蒋介石改变战法，把"长驱直入"改为"步步为营，稳扎稳打"。

1933年5月，蒋介石在崇仁召开军事会议。会上，第18军副军长罗卓英再次提出多做工事，"平时多流汗，战时少流血"的观点。对此，蒋介石嘉许说"这是战胜红军的要诀"，要到会者身体力行。他在给陈诚的手谕中专门谈及"剿共"战略战术要点："多筑据点，勤修碉卡，纵深配置，以求稳固，吸引共军来攻。当碉堡线稳固，共军疲于攻击之后，又轻装急进。"

1933年6月8日至12日，蒋介石在南昌行营召开"剿匪"会议，专门讨论第五次"围剿"的战略战术。时任南昌行营参谋柳维垣继续提出实施碉堡战术，终被蒋介石所采纳，会议结束时分发给国民党各将领的《剿匪手册》《孙吴战略问答》等书中均含有碉堡战术内容。会后，南昌行营设立碉堡科（这是中国最早的专门机构，1945年秋阎锡山在太原设立的碉堡建设局是第二个专门机构），由柳维垣负责，实施对碉堡战术的指导，派军事参议院参议马吉担任指导督察，派大批军事人员分赴各地指导碉堡战术，并编写和颁布《剿匪部队协助民众构筑碉寨图书》，拟定了构筑碉堡的具体方法。

当时国民党构筑的碉堡比较简陋，还没有使用钢筋水泥等硬材料。就建筑材料来说主要有石碉、砖碉、土碉，甚至还有一些竹碉、木碉；就大小来说，有排碉（也称母碉）、班碉（也称子碉）；就高低来说，有楼碉、平碉（无棱）、伏地碉、地堡；就形状说，有圆碉、方碉、多边形碉、平顶碉、尖顶碉等。据史料统计，仅宜黄、南城、乐安、黎川、金溪、崇仁、资溪、南丰8县的碉堡就达2032座，占整个江西第五次"围剿"时期国民党军修筑碉堡总量（2900）的70%以上。尽管这些碉堡不是很硬，但面对手握大刀、长矛、手枪、步枪、机枪的红军，它还是一块块难啃的骨头，充分体现了它的作战效能，让红军吃尽了苦头，加之红军高层的错误指挥，导致第五次反围剿的彻底失败，红军被迫开始大转移（二万五千里长征）。

第二次大规模运用碉堡作战当属阎锡山。在日本人侵占太原前，特别是阎锡山从吉县回到太原后，仅在太原城内城外就建了名目繁多的碉堡5600座，加上大同、临汾、晋中等地，只少也在万座以上。

说到碉堡的作战效能，张学良的东北军在齐齐哈尔城南修建的一种碉堡可谓登峰造极。1931年"9·18"事变后，大批东北军撤回关内，奉天、吉林等地迅速沦陷，日军剑锋直指黑龙江省会齐齐哈尔。当时担任黑龙江省政府代主席、地方最高军事指挥官的马占山"违令"修筑工事，率5个地方旅抵抗日军，这就是著名的"江桥抗战"。11月初，日军第2师团在进攻齐齐哈尔南面的铁路桥时，遇到了"令人费解"的中国碉堡的顽强抵抗，当时日军也没有重炮，以"不怕死"著称的日本鬼子，一波倒下，又一波冲锋，为争夺一座碉堡，死伤数十、甚至数百人后，终于冲到碉堡前准备爆门而入时，结果发现这些碉堡根本就没有门，这让以"武士道"扬威天下的日本军人肃然起敬，他们惊悸地称这样的碉堡为"中国碉堡"。

太平洋战争爆发后，日本人怀着五体投地的推崇，抱着决一死战的决心，把中国碉堡"搬"到太平洋诸岛抵挡美军，美军因此也付出了惨重的代价。最后用重炮轰击、飞机投放巨型炸弹，才使这种准备同归于尽的无门碉堡失去战斗力。

说到山西的碉堡，必然要说阎锡山，而要说起阎锡山也不能不说碉堡。密密匝匝、各种各样的太原碉堡是阎锡山的得意之作，是他固守太原的宝贵资本。

阎锡山和碉堡密不可分。

阎锡山煞费苦心经营山西的碉堡防线，特别是太原的防御体系，无疑是受了江西碉堡集群和东北碉堡奇效的影响，早在1935年就出兵陕北5个旅，配合蒋介石剿灭陕北红军，在吴堡往西至义合至绥德一线筑碉数百座，阻止红军北扩；在山西南起永和北至临县的黄河防线上修建了以碉堡为核心的防御带，防止红军东渡。1935年，阎锡山仅在永和县城就修筑了8座碉堡；在县城周围的战略高地、交通关隘修建碉堡27座；在永和县68公里的黄河沿线构筑碉堡、地堡63座。当时的碉堡大部分是砖石或混石结构的圆碉（筒碉）。

永和乾坤湾防御工事（2016 年 10 月 3 日摄）

永和乾坤湾指挥碉（2016 年 10 月 3 日摄）

碉堡，作为防御体系的主角，阎锡山把它"看重如山"，把它视为阻挡枪弹炮火的金盾，也把它当成安全保障的"护身符"。大量资料显示，自 20

河边村阎府地道（2016 年 6 月 5 日摄）

世纪的 30 年代以来，只要是阎锡山长期居住或暂居几个月以上待的地方，必建有碉堡和地道。遇到危险时，首先是抵挡，招架不住就逃遁。这是贯穿他一生"存在主义"哲学的直接体现。他经常给人讲，"存在就是真理，需要就是合法"，只有存在才有后话可说，只有存在才有后事可做。所以，抗战爆发后，为了存在，他扮演了一个在三枚鸡蛋（日本人、国民党、共产党）上跳舞的"政治舞蹈家"的角色：既抗日又和日，既拥蒋又拒蒋，既联共又反共，他把一生信奉的"二的哲学"演绎得淋漓尽致。

为考证阎锡山和碉堡、地道的密切关系，曾专往定襄、吉县、隰县、永和、乡宁、石楼、柳林、陕西宜川、吴堡等地探究。

定襄。在河边村走访询问了多个老人，都说阎锡山在村里建过碉堡，早被日本人炸没了。阎锡山老家的碉堡虽然没有见到，但在陈应谦和张建新合著《阎府史话》一书中，对边河村的碉堡却有清晰记述：1935 年 10 月中央红军长征到达陕北后，陕北苏区日渐扩大，红军势力日益增强，五台、定襄的共产党组织也积极活动起来，与红军遥相呼应。定襄的党组织趁县城中秋节赶集的机会，挨门挨户秘密散发传单，宣传红军的胜利，宣传"停止内战，一致抗日"的主张。这件事深深触动了阎锡山。他决心在全省行动起来，自上而下成立防共保卫组织，在河边也建立了"防共保卫团"，白天在街上巡逻，夜间在旅店清查，防共反共，搞得人心惶惶。在动员民众防共的同时，还大量构筑防御设施，做到万无一失。1936 年，阎锡山环绕河边村修筑了 18 座碉堡，碉堡有大有小，有的两层，有的三层，碉堡外面是宽两丈、深一丈五尺的壕沟，在村北高崖底修建了兵营（称大营盘），驻扎了一个团的兵力防守，在阎府花园道北修建了小营盘，将"防共保卫团"的团部设在里面。在阎府阎锡山居住的迷宫般的院内，挖有结构非常复杂的逃离地道。地道修建于1913年，以小院为中心，有东、西、北3条干线，设有3个主要出口，长约10公里，东可到文山阎父墓直至深山，西可通到河边火车站，北至西汇别墅。地道内建有警卫室、电台室、作战指挥室、弹药库、会议室、休息室等，是旧中国最大私家军事地道。

　　隰县。1937年11初，日本人攻占太原前夕，阎锡山及其军政部门后撤到隰县，短居3天后，退往临汾。1945年5月初，阎锡山第二次来到隰县，住了近4个月，期间，动用民财民力在县城东西山土塬上修筑了几十座碉堡，山头建石碉，平川修砖碉，碉碉相望，堡堡相连，美其名曰"护民碉"，在他居住的西坡底窑洞上方的山冈上建了一座"水塔"般高的大圆碉（已毁）。修筑碉堡，是阎锡山自诩的防守上策，所到之处，只要停留稍长时间，总是碉堡林立。

隰县阎锡山官邸窑洞上方的大圆碉已被拆除。（2016年10月3日摄）

1938 年 3 月日本人侵占吉县城后，阎锡山的二战区机关西渡黄河，在陕西宜川县秋林镇安营扎寨，一年半后首脑机关迁移到吉县克难坡。图为二战区司令部旧址，陕西省重点文物保护单位。（2017年 8 月 28 日摄）

　　秋林。位于陕西省宜川县，东距黄河 30 公里，西离县城 15 公里，是宜川到山西吉县途经一个重要集镇。1938 年 3 月 19 日，日本人侵占吉县县城后，

陕西宜川秋林镇阎锡山第二战区司令部旧址。（2017 年 8 月 28 日摄）

1938 年 12 月，二战区阎军在宜川黄河西岸准备阻击日军。（资料）

阎锡山率部西渡黄河，在秋林镇建立后方基地，当年 12 月，第二战区长官部、省政府机关等都驻扎到秋林。随后，山西大学、民族大学、医院、工厂等也陆续迁入秋林。1939 年 3 到 4 月，阎锡山在秋林召开了"第二战区军政民高级干部会议"（历史上的"秋林会议"），牺盟会和新军主要领导人薄一波等参加了会议。1939 年"晋西事变"后，肖劲光、王若飞赴秋林和阎锡山谈判，恢复了中共和阎锡山在二战区的统一战线关系。1940 年 5 月 25 日阎锡山率军政机关迁到吉县克难坡。后勤机关、学校、工厂等在日本人投降后才陆续迁回太原。

　　这期间，阎锡山一直游弋于宜川和吉县之间的黄河两岸。在黄河西岸和秋林周围修了大量的碉堡等防御工事，可惜没有寻到遗存。

　　乡宁。1937 年 11 月间，阎锡山因日军侵占太原而逃到临汾，1938 年 1 月，又因日军大举进攻临汾而逃往吉县和陕西秋林。他在吉县和陕西秋林期间，曾多次去过乡宁。阎锡山每到乡宁，都住在乡宁县城东北角一座专为他修建的深宅大院里。大院地下设有地道，直通城外和北山碉堡，如遇危急情况，可随时通过地道出逃或上北山碉堡。

　　吉县小河畔村。这个村位于县城城关，是阎锡山三次居住且时间长达近两年的地方。1938 年 3 月和 11 月先后两次居住，1943 年秋他从克难坡移居该村杨家大院后，首脑机关各厅室负责人也都陆续搬来。小河畔村东西约里许，南北近一里。北依悬崖，东连祖师庙，南临大川，西濒清水河，整个村背山面水，凭险易守。阎进驻后将小河畔十几户居民全部迁出，新建土窑

1943 年阎锡山的军政机关从克难坡迁到吉县城关小河畔村。当年集体办公的"除刑堂"较完整保留下来，现在还有人居住。（2017 年 8 月 29 日摄）

石砌墙壁上标刻的"除刑堂"三字依然清晰可辨。(2017年8月29日摄)

600余孔，入住军政人员近6000人。在村的周围筑起城墙，设城门四座，并在城门门额上分别亲笔题写有"负责""自动""深入""彻底"等字样。各城门洞顶部分别建有护城碉堡，城周围高地要道也建有多座高碉和地堡，并依崖挖有防空洞和暗道直通山顶。城内除建有阎军政要员的办公室、居室外，还有大型建筑"洪炉台"（舞台）、合谋堂（大礼堂）、除刑堂（集体办公室）等。

克难坡城门（2016年10月4日摄）

吉县克难坡。是阎锡山流亡政府"暂居"时间最长的地方。1940年5月，军政机关从陕西宜川县秋林镇搬到克难坡，1945年后半年才全部迁回太原。克难坡距县城39公里，距壶口瀑布10公里，西临黄河，是一个三面临沟河，一面通高原的葫芦状独立山梁。地形隐蔽，地势险要，守可固若金汤，攻可

克难坡阎锡山会客室地道 (2016 年 10 月 4 日摄)

克难坡外围高地人祖山碉堡（资料）

来去自由，退可顺利渡河入陕。克难坡原是一个只有 6 户人家的小村庄，原名南村坡，阎嫌这个村名有"难存"之意，遂改名为克难坡，内涵"克服困难，共渡难关"。1938 年底，阎派工兵师用一年半时间，建成了一座由 99 孔石窑洞和 2000 多孔土窑洞组成的南北宽约 0.5 公里，东西长约 1 公里的山城，成为抗日战争时期，第二战区的军事重镇和山西省政治、经济、文化中心，人员最多时达到两万以上，地域扩大到 20 平方公里，可谓"一年成聚，两年成邑，三年成都"，一时闻名遐迩，举世瞩目。

按照"惯例"，阎锡山必然要在他的临时"省会"挖地道，修碉堡。据

克难坡东北山头碉堡（资料）

当地老乡讲，阎为保证首脑机关的安全，在黄河东岸和吉县境内大修工事，围绕克难坡在黄河沿岸的山岭上修筑碉堡群，在管头山、人祖山、高祖山通往克难坡的山头、关隘、交通要道都筑有碉堡，有数十座之多，这些碉堡为石料砌筑，一层、二层、三层的都有，最大的三层碉高达10米，可容一个排驻防，碉底修有地道可通外面。在修筑碉堡的同时，在锦屏山、油房岭等山腰挖有暗道，既可屯兵又可抵挡来犯之敌。"克难城"周围还设有六道关卡，不经关卡无法入城。整个城堡周围深渊峭壁，可谓步步设防。在阎锡山居住的"阎公馆"会客室，掘有供他专用的秘密通道，地道宽1米，高1.8米，顶部为三角形，地道七股八叉，四通八达，稍有不慎便会走进迷道，不好出来。暗道可到望河亭和新西沟，总长达7里地。这条暗道当时是绝密，只有阎锡山一人知道，而打地道的人完工后早已遣散到外地，永远不能再到这里。在整个克难城地下共挖有长短地道64条，现已发现了主地道6条，这都是阎锡山防御工事的组成部分。

至于阎锡山居住时间最长的"督军府"（省政府），更是森严壁垒，明碉暗堡自不待言。他的居室、办公室，甚至他常待的地方，地道、秘道想必也不会没有。

1949年12月9日，阎锡山从成都败退台湾后，向蒋介石提出辞掉行政院长等政府和军队一切职务，1950年3月6日正式退出政治舞台，暂住在台北丽水街。半年后在台北郊区阳明山的菁山修建了10余间房屋，后又改建成窑洞形状，名为"种能洞"，在居所入口处，建起了岗楼，"种能洞"屋顶、外墙都留有机枪射口，窗户内侧还加装钢板，防止外面攻击。入住初期最多拥有各式枪械50多支，俨然一座军事堡垒。现在，这座碉堡式"民居"已被台北市列为市定古迹，拨款维修。70多年来，台湾当局不管不顾的"阎锡山菁山旧居"窘况将要改变。

南京碉堡

2013 年，南京有一位叫孙军的小伙子用 4 个月时间，在南京城内外找到了 100 多座碉堡。这些碉堡都是第二次世界大战前夕国民党军队为保卫其首都南京而建设的防御物。据寻找者孙军介绍，这些碉堡大部分是圆形和方形的，外围直径都在 5 米左右，内径在 3 米左右，碉堡的厚度在 60 厘米至 80 厘米，小的可容纳六七人，大的可容纳十来个人。四周是射击孔，一般是 3 个孔，最多有 5 个的。射击孔里小外大，呈喇叭状。这些碉堡主要分布在城东的制高点紫金山、梅花山及周围（这里最集中，有六七十座之多）；城东南的汤山、淳化、雨花台；长江沿线及老虎山、狮子山一带。2005 年，南京大学历史系教授贺云翱作为项目带头人，曾经主导过对南京历史文化资源的普查，碉堡是其团队普查的对象之一。历史资料显示，

明孝陵碉堡（孙军摄）

雨花台碉堡（孙军摄）

抗日战争南京保卫战前，南京应该有碉堡1700多座，但据贺云翱团队的调查，2005年南京保留下来的碉堡只有不到200座。而随着城市的变迁，一些碉堡不断被拆，逐年消失。8年之后，孙军仍找到了100多座碉堡。

南京是国民党的首都，在国外列强虎视眈眈的20世纪30年代，作为蒋介石的统治中心，它的防御体系是非常完备的。但只从寻找到的碉堡这种防御物看，如果和太原的碉堡作比较的话，可以说是小巫见大巫，显得很"寒酸"，从南京碉堡的图片和文字介绍不难看出，南京碉堡"又瘦又小"，除"品种"少得可怜外，无论数量还是"体型"都和太原碉堡不可同日而语。

马奇诺防线

马奇诺防线是世界战争史上著名的军事防御设施，取名当时法国陆军部长马奇诺之名。第一次世界大战结束后，法国的战略着眼点几乎都在防御上。马奇诺防线从 1928 年起开始建造，1940 年才基本建成。马奇诺防线主要设在法国东部，横贯德法边界，全长 390 多公里，纵深 4—14 公里。防线的防御物均由钢筋混凝土和钢铁建造而成，异常坚固，造价（50 亿法郎）也十分高昂。防线内部有各式枪炮、壕沟、碉堡、厨房、发电站、医院、工厂等等，隧道四通八达，较大的工事中还有有轨电车通道。

钢铁碉堡（网络资料）　　　　　　　　钢筋水泥碉堡（网络资料）

第二次世界大战中德军进攻法国时，选择了地形崎岖、不易运动作战的法国比利斯边界的阿登高地，法国人万万没有想到德军会避开该防线，迂回绕到防线后方突入腹地，马奇诺防线也因为德军袭击其背部而完全失效。十几年耗费巨资精心打造的钢铁防线无奈成了"雄伟的摆设"，留下世界战争史上的"千古笑柄"。在不少记述阎锡山碉堡工事如何坚不可摧的文章和材料中，说太原的百里防线比法国的马奇诺防线还要坚固。通过查阅资料，觉得这种说法太过夸大其词。马奇诺防线的不少碉堡和其他防御物都是钢构铁

地下隧道（网络资料）

铸的，就是钢筋混凝土建筑，其"做工"和坚硬程度以及庞大的地下通道和凶猛的火力配备，太原防线只能是望洋兴叹，不可企及。如果说太原的防御工事起了很大的作用，那是因为太原防线是远、中、近三个圈构成的防御网，不存在"意想不到"的进攻线路，从哪里进攻都会付出沉重代价，这样说来好像比马奇诺防线更厉害。而马奇诺防线只是一条线，假如非从这条线上突破，它的"固若金汤"的作用就会充分体现，如果对方大迂回绕开这个难以逾越的死亡线，它巨大的防御作用也就归零了。所以，丝毫没有起效的马奇诺防线成了军事家们饭后茶余的冷笑话。

跋　语

用了五年时间，寻找到了239座碉堡遗存，有人说费劲劳神找那东西干什么？也有人说，你挖掘了一段特殊历史，挺有意义。有多大意义我不知道，总觉得这件事做比不做好，而且感觉做的有点迟了。

这是一段（全国、全世界）独一无二的城市"碉堡大战"历史。

随着城市的不断建设发展，一些近郊遗留的碉堡还在一天天被拆、被毁，这一独特历史也被一点点抹去。如果太原现存碉堡全部消失了，若干年后，这座当年的"堡垒城"会不会在人们的记忆中淡出，数万解放太原牺牲的英烈会不会被大众遗忘？

一个城市独有的东西还是尽量应该保留下来，还是应该让后人留下记忆。好在在这几年的寻找中发现，太原市政府部门和军事单位等已将遗留的碉堡作为战争文物或历史见证保护起来，成为爱国主义教育的实物和标本。比如，2002年，山西省军区某部率先给位于杨家峪零五站军库（松树坡）的梅花碉竖起了"爱国主义教育基地"的石碑；2009，太原钢铁公司厂区遗存的梅花碉也被太原市政府确定为"太原市历史建筑"加以保护；2014年，太原市爱国主义教育领导组将牛驼寨庙碉（太原"碉王"）命名为太原市"爱国主义教育基地"，供人参观，教育后代。

还有更欣慰的是，2014年春，在上级文物部门的支持下，尖草坪区文物旅游局组织修复了冽石山上三座碉堡和一处地下暗道，这是太原市首次以政府名义修复战争遗址中的碉堡、暗道。最近几年，在太原东西山城郊公园建设中，残留的数十座半截碉堡也恢复了原貌，让市民在休闲漫步时追忆先烈，回顾历史。

2008年，全国第三次文物普查工作在太原全面展开，在向媒体公布的普查成果中，一批日本人和阎锡山修建的碉堡赫然在列。如尖草坪区兰岗蘑菇碉、西山支线3号铁路桥头碉、马头水乡上水峪村三角碉、冽石山碉堡群；小店区五龙沟人字碉、黑驼大方碉；迎泽区白龙庙筒碉；杏花岭区享堂新村梅花碉；万柏林区西山碉堡群；晋源区蒙山寨碉堡群等作为文物正式登记在册。

把碉堡作为文物或历史文化资源进行普查，南京市比太原市还要早三年。2005年，南京大学历史系教授贺云翱作为项目带头人，对南京历史文化资源进行了普查，碉堡是其团队普查的对象之一。

碉堡，从战争魔鬼到军事文物，期间走过了漫长的几十年。这一时间里，因为它是敌人建的，有好多形制完整、结构诡异、建筑宏大的明碉暗堡被人理直气壮、毫无顾忌拆除、毁坏，至今还有人对它心存芥蒂、讳莫如深，觉得它是敌人对付我们的东西，寻找它、宣传它、保护它干什么！

仔细想来，它其实就是些砖土灰、砂石钢混合物，和百年、千年遗存下来的庙宇、城垣等众多古代遗迹一样，它就是一个历史的符号，它就是一段渐远的记忆。

在太原市寻找二百多座碉堡不是一件很轻松的事，时至现在，准备将它告一段落。今天，真要把这些东西和盘托出时，感到的却是惶恐和不安。一是因资料、信息所限，寻找肯定不完全、不彻底，不能反映全貌；二是尽管在给这些碉堡附着文字时费了不少精力，但总担心"文不对碉"，牛头马嘴；三是怕对碉堡的具体位置表述不准，以讹传讹。在此，真诚希望各位专家、学者和读者矫枉补正，批评赐教。

本书即将收笔，回过头来，总想对寻找途中给予各种支持、帮助、关注的老师、乡亲、朋友表示深深的谢意！省政协刘化山先生提供了许多有价值的碉堡信息；当地向导给予了非常热情和辛劳指点：尖草坪区上水峪村张克文师傅、迎泽区观家峪村放羊师傅、杏花岭区小窑头村没有留下姓名的领路师傅、西山官地矿护林员寻师傅等；还要特别感谢太原市小店区政协《小店汾东文史》、山西省政协《文史月刊》在碉堡成"型"过程中的肯定和鼓励！

吴根东

2018年10月6日于太原

主要参考书目

（1）太原市委宣传部　市委党史研究室：《解放太原》，1989 年版。

（2）太原市档案馆：《太原解放》中国档案出版社　2009 年版

（3）太原市档案局（馆）：《太原解放档案文献图集》中国档案出版社　2009 年版

（4）《太原》编辑委员会：《太原——纪念太原解放 40 周年》山西人民出版社 1989 年版

（5）中国人民解放军太原军分区编：《太原军事志》山西人民出版社 2001 年版

（6）山西省政协文史委：《阎锡山统治山西史实》山西人民出版社 1981 年版

（7）山西省政协文史委：《华北最后一战——纪念太原解放 40 周年专辑》及逐年编辑出版的《山西文史资料》共 64 辑。

（8）太原市政协文史委：逐年编辑出版的《太原文史资料》共 17 辑。

（9）太原市地方志办公室：《太原市志（军事部分）》　山西古籍出版社　2016 年版

（10）山西省地方志办公室：《民国山西史》山西人民出版社　2011 年版

（11）贾立进主编：《民国太原》　山西人民出版社　2010 年版

（12）冯铁山，杜淑贤，曹昌智：《攻克太原》山西人民出版社　1988 年版

（13）李雷:《强击太原城》　军事科学出版社 2007 年版；　《围困太原城》长城出版社　2011 年版。

（14）郝蕴，张珉，宏伟：大型文献电影《决战太原》解说词　2009 年版

（15）师文华：《漫话山西解放》　山西人民出版社　2008年版

（16）雒春普：《阎锡山传》　山西人民出版社　2004年版

（17）雒春普：《阎锡山和他的幕僚们》团结出版社　2013年版

（18）李茂盛：《阎锡山大传（上下）》　山西人民出版　2010年版

（19）李茂盛：《阎锡山画传》　山西人民出版社　2013年版

（20）李蓼源：《阎府琐记　阎锡山轶事》团结出版社　2010年版

（21）罗学蓬：《山西王 阎锡山秘事》　新华出版社　2013年版

（22）中共中央党校：《阎锡山评传》　中共中央党校出版社　1991年版

（23）朱良民　丁思宁：《阎锡山传》　内蒙古人民出版社　1990年版

（24）黄启昌：《阎锡山全传》群众出版社　2003年版

（25）苗挺：《三晋枭雄 阎锡山传》　中国华侨出版社　2005年版

（26）刘存善：《阎锡山传》香港天马图书有限公司　2015年版

（27）乔希章：《阎锡山》　华艺出版社　1992年版

（28）王振华：《阎锡山传》　团结出版社　2001年版

（29）马雨平：《阎锡山在壶口那些事儿》　中国文史出版社　2010年版

（30）陈应谦，张建新：《阎府史话》香港天马图书有限公司　2004年版

（31）赵政民：《阎锡山军事活动年谱》山西古籍出版社　1999年

（32）阎锡山：《阎锡山日记　全编》　三晋出版社　2011年版

（33）景占魁：《阎锡山与近代山西》　香港天马图书有限公司　2003年版

（34）乔希章：《徐向前与阎锡山》　中国青年出版社　1991年版

（35）燕生纲 燕奇荣：《克难坡轶事》中国国际新闻出版社　2011年版

（36）张珉：《太原通》网站

（37）陈刚主编：《壶口 克难坡》　1994年

（38）《克难坡沧桑岁月》编委会：《克难坡沧桑岁月》2014年

（39）太原市南郊区地方志办公室： 《太原市南郊区志》三联书店1994年版

（40）太原市小店区地方志办公室：《太原市小店区志》山西人民出版社 2009年版

还参考了太原市老区建设促进会（简称老促会）编辑的《太原老区》、太原市小店区老促会编辑的《小店老区》、太原市尖草坪区老促会编辑的《并北烽火》、太原市万柏林区老促会编辑的《万柏林革命老区》、太原市杏花岭区老促会编辑的《杏花岭革命老区》、太原市迎泽区老促会编辑的《迎泽老区》、临汾市吉县老促会编辑的《抗战在吉县》等及大量报刊、网络资料。